AF514439

HOTR001PO ANÁLISIS SENSORIAL DE VINOS

Manual de la Especialidad Formativa

Dionisio Navarro García

MIXTO
Papel procedente de fuentes responsables
Paper from responsible sources
FSC® C105338

Aviso legal
No está permitida la reproducción total o parcial de esta obra, ni su tratamiento informático, ni su transmisión o comunicación en cualquier forma o por cualquier medio (electrónico, mecánico, fotocopia, grabación u otros) sin autorización previa y por escrito de los titulares del copyright. La infracción de dichos derechos puede constituir un delito contra la propiedad intelectual.

Copyright
© Dionisio Navarro García, 2024.

ISBN: 9788413735597

«Impresión y editorial: BoD – Books on Demand
info@bod.com.es - www.bod.com.es»

Impreso en Alemania – Printed in Germany».

El autor

Dionisio Navarro García ha impartido formación especializada en gastronomía, enología, nutrición, dietética, tecnologías y técnicas alimentarias, prevención de riesgos laborales y en las áreas de comercio y marketing. Ha dictado cursos, seminarios y conferencias sobre protección de datos, derechos digitales e inteligencia emocional aplicada al mundo del trabajo, en centros de estudio, consultorías y universidades, entre ellos el Centro Internacional de Crecimiento Laboral o la Universidad Complutense de Madrid. Actualmente trabaja como profesor titular en el Grupo Colón IECM.

Como autor de libros de texto y contenidos especializados en hostelería, turismo, comercio y marketing, ha elaborado temarios para el Grupo Colón IECM, para el Ciclo Superior de Formación Profesional en Agencias de Viajes y Gestión de Eventos del Centro para la Cultura y el Conocimiento (CCC) y del mismo Ciclo para el Instituto Oficial de Formación Profesional (Medac). Como investigador de desarrollo de material didáctico especializado en calidad, seguridad alimentaria, nutrición, tecnologías y técnicas alimentarias, ha elaborado manuales de formación para IOE Business School. Es autor del libro «Análisis sensorial de vinos: El arte y la ciencia del vino».

Dionisio Navarro García, estudió Historia en la Universidad Nacional de Educación a Distancia (UNED), posee un Máster en Dirección Hotelera y Turismo por la Universidad Isabel I, un Máster en Dirección de Empresas por el Instituto Europeo de Postgrado (IEP), un Máster en Prevención de Riesgos Laborales por la Universidad Camilo José Cela y un Master en Dirección de Recursos Humanos por IMF Business School. Está especializado en Seguridad Alimentaria por la Universidad Europea Miguel de Cervantes, ha cursado la Especialidad Formativa: Salud, Nutrición y Dietética en el Grupo Colón IECM, Coaching y Programación Neurolingüistica en la Escuela de Negocios Europea de Barcelona (ENEB) y mediación y resolución de conflictos en la Asociación Española de Mediación (Asemed).

Índice

Introducción.

Este manual es una adaptación del libro Análisis sensorial de vinos: El arte y la ciencia del vino: ISBN-13: 9788413736624, a los requisitos del programa oficial de la Especialidad Formativa HOTR001PO: Análisis sensorial de vinos, de la familia profesional de HOSTELERÍA Y TURISMO y el área profesional de RESTAURACIÓN. En él se conservan algunos de los contenidos de la obra original, otros han sido modificados y se han añadido temas nuevos. Esta adaptación contiene además, actividades prácticas y ejercicios de autoevaluación que permiten evaluar y medir el progreso del alumnado que participa en los cursos de Formación Profesional para el Empleo para la obtención del Diploma de la Especialidad Formativa.

El manual de la Especialidad Formativa ANÁLISIS SENSORIAL DE VINOS, integra los contenidos y especificaciones técnicas asociados a la adquisición de las competencias necesarias para saber distinguir, evaluar y medir las características organolépticas de los vinos para el desempeño de las siguientes ocupaciones:

- Directores y gerentes de restaurantes.
- Directores y gerentes de empresas de catering y otras empresas de restauración.
- Directores y gerentes de bares, cafeterías y similares.
- Chef y personal adscrito al departamento de alimentos y bebidas y de servicios de restauración en general.
- Jefes de sección de tiendas y almacenes.
- Dependientes de comercio en general.
- Trabajadores agrícolas de la vid.

La Especialidades Formativas forman parte del Catálogo de Especialidades Formativas del Sistema de Formación Profesional para el empleo que se encuentra regulado por la Orden TMS/283/2019, de 12 de marzo.

«El análisis sensorial de un vino nos permite comprender su química, conocer su historia y valorar sus cualidades. Los estímulos que proporciona son interpretados por nuestros sentidos «maestros» de colores, aromas, sabores y texturas, una copa de vino está llena de «secretos» pero no encierra ningún «misterio» para ellos».

Dionisio Navarro García

1. Clima, tierra y hombre

1. CLIMA, TIERRA Y HOMBRE.

Los municipios agrarios se encuentran formados por un espacio cultivable denominado «ager» y otro no cultivable «saltus» en el que se integra el «hábitat», espacio geográfico habitable. El espacio agrario sobre el que se siembra el viñedo se denomina «terroir» o «terruño» y es una extensión de terreno delimitada geográficamente que posee unas características determinadas que lo diferencian de otros. Cuando la extensión de este espacio es de gran tamaño y pertenece a uno o a un número pequeño de propietarios, se denomina «latifundio», cuando el terreno está dividido en distintas parcelas de reducido tamaño con un gran número de propietarios, «minifundio».

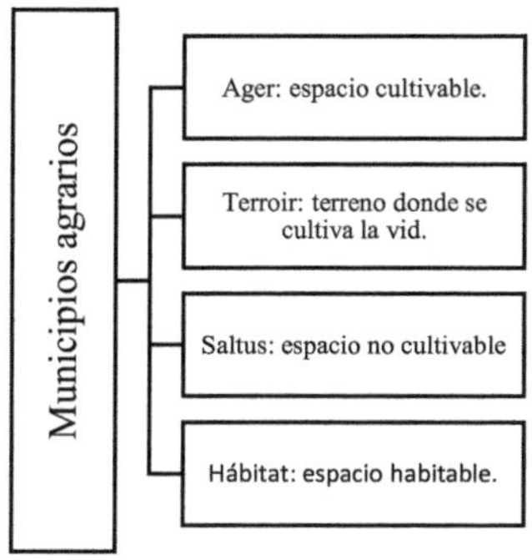

El tipo de suelo, el clima y la acción del hombre condicionan la cantidad y la calidad de la cosecha. Aunque el cultivo de la vid ha sido considerado tradicionalmente un cultivo de secano, en la actualidad proliferan los viñedos de regadío, con los que se pretende compensar la escasez de agua, lo que permite mantener unos buenos niveles de producción. Algunos de los sistemas utilizados, son el riego por aspersión, gravedad, automotriz o el localizado por goteo, siendo este último el más utilizado debido a que cubre las necesidades de agua del viñedo sin desperdiciarla.

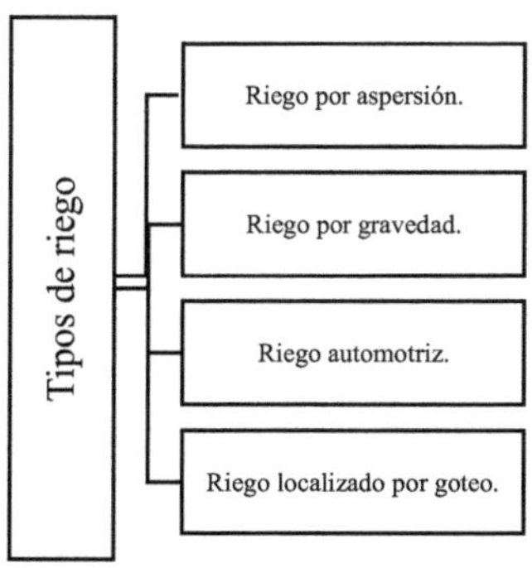

1.1. De la cepa al vino.

La cepa es un arbusto perteneciente al género Vitis y a la especie Vitis vinífera que posee una gran capacidad de crecimiento, pudiendo llegar a alcanzar los 30 metros. Morfológicamente se trata de una planta semileñosa y trepadora. Los factores que influyen en la producción de la uva o carga son las dimensiones del viñedo, sus características, la fertilidad del terruño y el número de cepas cultivadas.

- **Partes de la cepa:**

  Raíz: se encuentra bajo el suelo del viñedo y proporciona el agua y los nutrientes necesarios para que la cepa pueda desarrollarse y dar sus frutos.

  Cepa: es el tronco de la vid, cuyo grosor se relaciona con la calidad del suelo y la capacidad de la raíz para adsorber nutrientes. En ella se encuentran los sarmientos a los que se encuentran unidas las hojas a través de los peciolos y las uvas que se agrupan en racimos.

  Brazos: también denominados ramas, se encargan de transportar los nutrientes adsorbidos por las raíces para que puedan llegar a los frutos, facilitando así su desarrollo.

  Pulgares: son el resultado de la poda del sarmiento y proporcionan un número indeterminado de yemas.

  Yemas: de los pulgares, brotan los pámpanos de los que surgen los racimos y nuevas yemas, sobre las que recae la producción de la siguiente vendimia.

  Pámpanos: son consecuencia del desarrollo de las yemas, lo que permite su aparición en forma de brotes verdes. Su función principal es soportar el peso de los racimos. Los pámpanos y los sarmientos constituyen un mismo brote en distintas etapas del ciclo vegetativo de la vid. Los pámpanos brotan a principios de año y como consecuencia de procesos físicos, químicos y el paso del tiempo dan lugar a los sarmientos.

  Nudos: son abultamientos que se encuentran situados en el sarmiento, del que brotan las hojas, los zarcillos y las yemas. El espacio situado entre dos nudos (entrenudo), permite determinar la tasa de crecimiento como consecuencia de la variación de la longitud.

  Hojas: la cepa obtiene oxígeno y glucosa a partir de ellas. Las hojas se encuentran unidas a los nudos, la parte de la vid de la que brotan.

  Zarcillos: proporcionan apoyo a los brotes durante su crecimiento, enrollándose y agarrándose a las superficies.

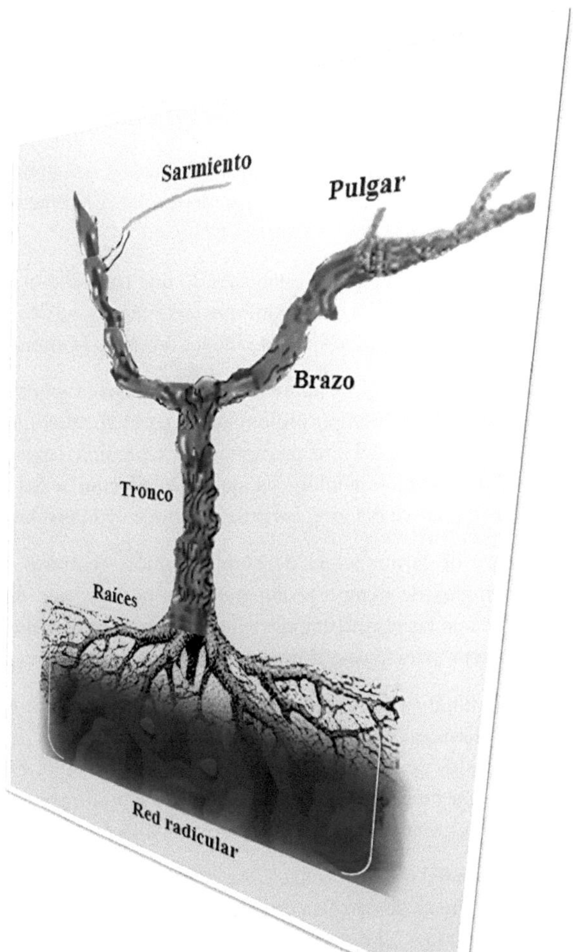

Ilustración 1. Partes de la vid.

1.2. Suelo clima y vid. La poda.

La edafología es la ciencia que estudia las características del suelo y su relación con el reino vegetal. El perfil del suelo es un corte vertical que incluye todas las capas paralelas a la superficie, estas capas se denominan horizontes y cada una de ellas presenta unas características diferentes.

Los viñedos se desarrollan en una gran variedad de suelos compuestos por materiales con distintos niveles de resistencia a la erosión: arcillas, arenas, caliza, granito, pizarra o materiales volcánicos, que influyen en algunas de las características organolépticas del vino.

La textura del suelo puede ser laminar, granular o en bloque y está condicionada por los materiales minerales superficiales, su estructura se debe a las diferentes formas de unión de los materiales que la forman.

Un buen drenaje evita que el agua quede estancada, lo que reduciría el nivel de oxígeno limitando el crecimiento de la vid. La textura influye en la capacidad de retención de agua y la elevación del suelo sobre el que se sitúa el viñedo, favorece la aireación y el drenaje.

El clima depende de las características atmosféricas que presenta un espacio geográfico concreto, durante un período de tiempo prolongado. Los elementos que conforman un clima son: temperatura, humedad del aire, precipitaciones, presión o existencia de vientos y su intensidad. Los factores climatológicos que más afectan a los viñedos son la temperatura, la humedad relativa del aire, las precipitaciones y la insolación.

El tiempo es un estado de la atmósfera de corta duración, mientras que el clima se manifiesta durante períodos de tiempo prolongados, lo que permite diferenciar varias regiones climáticas. Una de las clasificaciones climáticas más utilizadas es la de Köppen que distingue cinco grupos principales: tropical, seco, templado, continental y polar.

Según la clasificación climática de Köppen el clima lluvioso templado con verano seco, se asocia al clima mediterráneo que se localiza en la costa occidental de los continentes entre los 30 y los 40 grados de latitud. Las zonas donde se desarrolla este tipo de clima son las siguientes: Europa mediterránea hasta los 45º de latitud, Marruecos, Sudáfrica, Australia, Nueva Zelanda, zona central de Chile, México, algunas áreas de Argentina, etc.

El ser humano forma parte del medio y actúa sobre él transformándolo (acción antrópica). Algunos de los trabajos que se desarrollan en el viñedo son la plantación de las cepas, la poda, la realización de injertos, el desarrollo de tratamientos foliares y fitosanitarios, la inspección del viñedo, la vendimia, el abonado y la preparación del viñedo para el año siguiente.

La aparición del **lloro** es paralela al aumento de la temperatura del suelo cuando finaliza el invierno, lo que provoca la activación del sistema radicular. Las raíces absorben agua haciendo que la savia se distribuya por la planta, provocando este efecto cuando llega a las partes de la vid donde existen cortes provocados por la poda.

La **brotación** se produce cuando la savia es distribuida por toda la planta, lo que da lugar a la aparición de brotes verdes. Durante los meses de abril y mayo se desarrolla la foliación, que es cuando comienzan a aparecer las primeras hojas en la vid. Es en esta etapa cuando aparecen algunos de los componentes importantes (azúcares y ácidos), para la calidad del vino.

Durante la **floración** aparecen los embriones de las flores a partir de los cuales se forman los frutos, lo que provoca que la planta aumente de tamaño. El nivel de desarrollo en este ciclo depende de factores como la temperatura o las horas de insolación. La maduración supone el desarrollo y crecimiento de la uva y se debe a varios factores: la variedad del fruto, el terruño, el clima y los cuidados del viñedo.

La finalidad de la poda es garantizar que la cepa produzca una cantidad suficiente de racimos (carga), para conseguir que la vendimia sea a la vez productiva y de calidad.

- **Tipos de poda:**

  Poda de formación: se lleva a cabo en las cepas más jóvenes (primera poda), con la finalidad de dotarlas de la forma adecuada para que puedan desarrollarse.

  Poda de invierno: se realiza durante los meses de invierno, antes de la aparición de los nuevos brotes, con la finalidad de eliminar los sarmientos de la vendimia anterior para facilitar la regeneración de la vid.

  Poda verde: a veces es necesario realizar una segunda poda en verde durante los meses de abril y mayo, con la finalidad de reducir aquellos brotes cuyo desarrollo ha sido excesivo, lo que puede contribuir a reducir los niveles de insolación y aireación de los racimos.

  Poda de producción: se realiza con una periodicidad anual, lo que permite que la cepa sea productiva.

  Poda de saneamiento: su finalidad es eliminar todas las partes que puedan perjudicar al desarrollo de la cepa.

  Poda de rejuvenecimiento: su principal objetivo es la reducción del tamaño de todas aquellas cepas cuyo crecimiento haya sido excesivo. Se lleva a cabo siguiendo la dirección de las zonas más envejecidas a las más sanas.

El vino forma parte de la tradición cultural de muchos países y ejerce un papel fundamental en las celebraciones, como ha sucedido a lo largo de los siglos. Los países del entorno mediterráneo gozan de una gran tradición y cultura vinícola. Tres de los mayores productores a nivel mundial se encuentran en Europa: **Italia**, **Francia** y **España**, seguidos por otros países dentro y fuera de Europa: Estados Unidos, Argentina, Chile, Australia, **Alemania,** Sudáfrica y China (OIV 2018).

Para que una vid sea productiva pueden llegar a pasar hasta diez años. Esta etapa se caracteriza por el crecimiento del fruto, y la cantidad de racimos, lo que permite la extracción de mosto en cantidad suficiente para producir vino. El período de productividad de la vid depende de muchos factores, pero como regla general se sitúa en torno a los 50 años de media, que en algunos casos puede llegar hasta los 100.

Actualmente algunos viticultores contratan los servicios de empresas que emplean drones para inspeccionar las áreas de cultivo, lo que permite detectar las zonas que precisan de fertilización o identificar la presencia de plagas, con lo que puede aumentarse la productividad y el rendimiento de las plantaciones considerablemente.

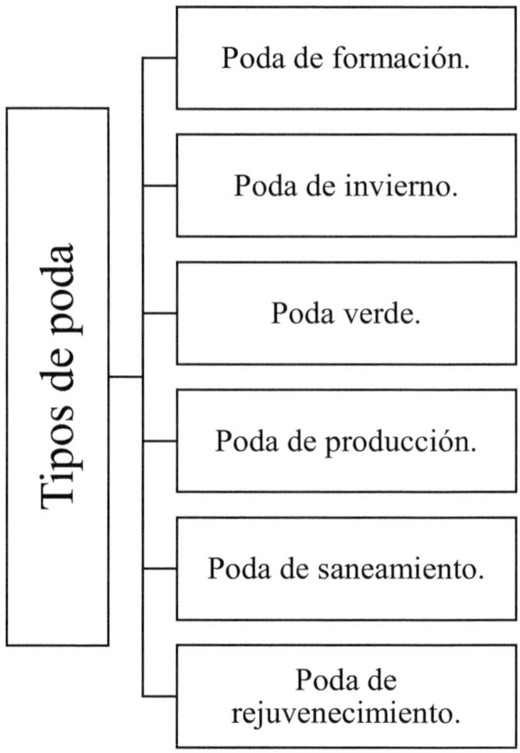

Ilustración 2. Cultivo en espaldera.

Cultivo en espaldera.

Es un sistema de conducción mediante postes y alambres dispuestos en línea, lo que permite guiar la vegetación para que crezca en la dirección establecida. Las conducciones se disponen paralelamente formando calles, lo que facilita la mecanización de las tareas de recolección y abarata los costes. Su uso facilita los trabajos de mantenimiento de la vid, la aplicación de tratamientos fitosanitarios y una mejor aireación e insolación.

Ilustración 3. Cultivo en vaso.

Cultivo en vaso.

Es un sistema tradicional, sencillo y de bajo coste que se realiza sobre todo en los países mediterráneos. No permite la mecanización de la vendimia, lo que puede suponer un riesgo a la hora de la recolección, debido a la dificultad para encontrar mano de obra. Las horas de insolación son inferiores a las de los cultivos en espaldera, lo que puede ser perjudicial para la maduración de las uvas, además la cercanía del fruto con el suelo puede provocar problemas fitosanitarios.

1.3. Componentes de la uva.

La vid (Vitis vinifera) procede de Asia Menor y la región mediterránea, pertenece a las Vitaceae familia de plantas leñosas. Es un arbusto provisto de zarcillos que la planta utiliza para trepar. La vid euroasiática se divide en dos subespecies, la Vitis vinifera L. subespecie sativa, de la que se obtienen uvas de mesa, pasificación o para la elaboración del vino y la Vitis vinifera L. subespecie sylvestris. Los cambios provocados en la superficie terrestre durante glaciaciones del Período Cuaternario afectaron a su distribución geográfica, actualmente se cultiva en todas las regiones de clima mediterráneo del mundo.

Para poder transformar en vino el mosto que se obtiene después del prensado de las uvas, es necesaria la acción de las levaduras sobre los azúcares. La Saccharomyces cerevisiae es la única levadura que puede llevar a cabo el proceso de fermentación alcohólica hasta el final, siempre y cuando no se superen los 30º C. Posee una gran capacidad de adaptación, que se debe a que puede metabolizar los azúcares (glucosa y fructosa), por vía respiratoria y fermentativa, lo que significa que su desarrollo puede producirse en presencia de oxígeno (condiciones aerobias), o en ausencia de este (anaerobias).

La fermentación espontánea se activa debido a la acción de las levaduras autóctonas que se encuentran en su mayor parte en el hollejo de la uva. Inicialmente las levaduras no Saccharomyces comienzan a desarrollarse y diseminarse por el mosto, la presencia de la levadura Saccharomyces cerevisiae en este proceso, es muy importante desde un punto de vista enológico, ya que, aunque su proporción en relación con el resto de levaduras es menor, su capacidad de adaptación y desarrollo es superior.

En los años 70 del siglo pasado la Dra. Mary M. Voigt analizó un recipiente de los encontrados en los poblados neolíticos de Godin Tepe y Hajji Firuz Tepe, se trataba de una vasija de cuello estrecho con restos amarillentos, cuyos análisis químicos demostraron que había contenido vino.

Es muy probable que el primer vino apareciera de forma accidental, debido a una fermentación espontánea de las levaduras, sin embargo, la domesticación de la vid, el desarrollo de las técnicas de producción, el descubrimiento de la cerámica, la creación de rutas comerciales para su distribución y la elaboración de leyes para defender los intereses de los comerciantes, no es fruto de la casualidad.

El vino llegó desde Mesopotamia hasta Egipto, donde comenzaron a elaborar sus propios vinos a partir de vides cultivadas a orillas del rio Nilo. Tal y como había sucedido en Mesopotamia, pronto se convirtió en la bebida favorita de las élites y comenzó a ser utilizado con fines ceremoniales.

Los hidratos de carbono de la uva y el vino, son la fructosa y la glucosa, cuya proporción se ve reducida durante el proceso de fermentación. La actividad de las levaduras sobre los azúcares, provoca su transformación en alcohol y CO2. El azúcar residual del vino (pentosas), se debe a la ineficacia de algunas levaduras para llevar a cabo el proceso de fermentación.

El agua representa aproximadamente un 85% del volumen del vino, forman parte de su composición las sales minerales adsorbidas por las raíces durante la etapa de crecimiento de la vid.

Las sustancias fenólicas de la uva se denominan antocianos y taninos, aportan color, sabor y sensaciones táctiles y aromáticas al vino. Los antocianos que se encuentran en la piel de las uvas (hollejos), proporcionan color a los vinos tintos y a los rosados durante los procesos de maceración y fermentación que se realizan al mismo tiempo. Los taninos que se encuentran en las partes sólidas de las uva aportan al vino sequedad, astringencia y aromas.

Los ácidos orgánicos, málico, tartárico y cítrico se encuentran concentrados en la pulpa y proporcionan al vino sabores ácidos y amargos.

Ácido málico: su concentración se reduce durante el proceso de fermentación alcohólica y maloláctica.

Ácido tartárico: su concentración es alta en los mostos e influye en el pH del vino, disminuyendo su concentración ante la presencia de etanol.

Ácido cítrico: su reducción durante la fermentación maloláctica da lugar al ácido acético.

Las **sustancias nitrogenadas** de la uva son los aminoácidos, péptidos y proteínas. Su síntesis (formación), se debe a los nitratos adsorbidos por las raíces y las hojas. El mosto de la uva tiene una concentración de entre el 5% y el 10 %.

La uva contiene **enzimas** que pueden contribuir a la degradación de las pectinas, lo que puede resultar beneficioso para la evolución de los vinos.

Las **vitaminas** debido a su función antioxidante, evitan la degradación de los polifenoles y contribuyen beneficiosamente al desarrollo de la fermentación alcohólica.

Los **minerales** proceden del suelo del viñedo y pueden modificar la acidez o el aroma del vino. Se encuentran en las partes sólidas de la uva: hollejo, semillas y raspón.

Las **sustancias pécticas**: ácido péctico, pectina y protopectinas, se encuentran en el hollejo de la uva y en la pulpa, son ácidas y se encuentran en disolución en el mosto.

Racimo.

Está formado por el raspón o escobajo y los frutos, constituye la carga (producción), y se desarrolla a partir de las yemas que se dejan en las cepas después de realizar la poda, de ellas brotan los sarmientos que producen un número determinado de racimos.

Ilustración 4. Racimo.

Raspón o escobajo.

Es la estructura vegetal (esqueleto), a la que van unidas las uvas y que permite la formación del racimo. Algunos productores realizan la fermentación del mosto junto con el raspón, debido a su alto contenido en fenoles, que proporcionan color y astringencia al vino.

1.4. Maduración de la uva.

El final del crecimiento de los pámpanos supone el paso previo a la maduración de la uva, durante esta etapa el metabolismo de la vid se activa movilizando los azúcares que son distribuidos a los órganos encargados de almacenar la energía necesaria para el desarrollo de la vid y sus frutos. Durante la fase de envero el color de los hollejos de las uvas va modificándose lentamente y de forma desigual, dando como resultado racimos de las variedades tintas con tonalidades verdes, rojizas, azules, moradas y violetas. Las variedades blancas adquieren tonalidades verdes, que preceden a otras amarillentas. Después del envero, las uvas maduran en torno a los 45 o 50 días, aumentando su peso y volumen, así como la concentración de glucosa, fructosa y fenoles. En esta etapa los ácidos orgánicos se van reduciendo como consecuencia de la degradación debida al calor.

1.5. El color de la uva.

El cambio de color de la uva que se produce durante la fase de envero adquiere una gran importancia desde un punto de vista enológico. En los terruños situados en las zonas más cálidas, el envero puede iniciarse antes de los meses de julio y agosto. La desaparición progresiva de la pigmentación de la uva se produce en el hollejo, lo que sucede de manera paralela a la acumulación de varias sustancias relacionadas con dicho cambio: las carotenoides, las antocianinas y los flavonoles.

Carotenoides: su aparición provoca modificaciones en la pigmentación que van del amarillo al naranja o rojo.

Antocianinas: son las sustancias responsables de los cambios de color rojo, azul y violeta.

Flavonoles: son las sustancias responsables de la coloración amarilla de las variedades blancas.

Variedades tintas		
Bobal	Garnacha tintorera	Moristel
Cabernet franc	Garnacha tinta	Petit verdot
Cabernet sauvignon	Malvasía negra	Tempranillo
Merlot	Malbec	Tinta de Toro
Cariñena	Mencia	Tinta Fina
Pinot noir	Monastrell	Zinfandel

Variedades blancas		
Airén	Chenin Blanc	Macabeo o viura
Albariño	Gewürztraminer	Malvasía
Albillo	Garnacha blanca	Moscatel
Chardonnay	Godello	Pedro Xímenez

1.6. Aroma y sabor en la uva.

La elaboración del vino da lugar a la aparición de aromas que se encuentran asociados a la variedad de la uva, a los procesos fermentativos y a la crianza. Los aromas primarios proceden de las cepas, son aromas varietales procedentes del terruño donde se cultivan las uvas. Un terruño es un espacio geográfico delimitado geográficamente, que cuenta con unas características edáficas y climáticas determinadas, lo que provoca que los vinos adquieran unos rasgos distintivos e identificables. La complejidad aromática se encuentra determinada por la variedad, la calidad del suelo y el grado de madurez de la uva durante la recogida.

Los aromas secundarios surgen durante el proceso de vinificación en las fases de fermentación alcohólica y maloláctica, es entonces cuando los vinos van adquiriendo nuevos aromas, que son producto del tipo de levaduras empleadas y de la temperatura de fermentación, ambos factores son de gran importancia para lograr vinos de calidad. Los vinos tintos necesitan de mayores temperaturas de fermentación que los blancos y la mayoría de estos últimos se comercializan como vinos del año, salvo excepciones, por lo que los aromas primarios y secundarios de estos vinos destacan por su intensidad y emergen como consecuencia del intercambio de temperatura en boca, lo que provoca el desplazamiento de los aromas por la vía retronasal.

Los aromas terciarios son resultado de la evolución de los vinos durante el proceso de crianza. En esta etapa el vino va adquiriendo matices que van a depender en gran medida del tipo de roble, de su calidad, de su procedencia (americano o francés), de su nivel de tostado y de su antigüedad. Durante la crianza oxidativa el vino se abre y evoluciona en contacto con el oxígeno que penetra a través de los poros de la madera. En esta etapa el vino adquiere aromas a madera, especiados o a frutos secos cuando se trata de roble francés y a cacao, tabaco o café cuando es americano. Después de la fase oxidativa, el vino pasa a las botellas donde comienza la fase reductora, caracterizada por la ausencia de oxígeno en su interior. Durante este periodo el vino se afina y aparece el buqué, aunque también pueden surgir aromas de reducción, que hacen aconsejable su aireación mediante el decantado.

1.7. La vendimia.

La recogida de la cosecha en España se realiza entre los meses de septiembre y octubre, aunque en algunos lugares se hace antes. Conocer cuál es la fecha adecuada para realizar la vendimia es muy importante para elaborar vinos de calidad. La aparición del envero, permite calcular la fecha aproximada para la recolección. Algunos de los factores que revelan el momento más adecuado para realizar la vendimia son; la observación directa del color, tamaño, peso y consistencia del fruto; la degustación para valorar el nivel de acidez, azúcares, textura y contenido de agua o la realización de análisis químicos que permiten identificar el contenido de azúcar medido por el grado de alcohol probable (grados Brix) y de ácidos orgánicos presentes en el fruto.

Partes de la uva

Ilustración 5. Sección de un racimo.

1. Pedicelo

El pedicelo es la parte del fruto que sirve de unión entre cada una de las uvas y el racimo, lo que facilita la llegada de nutrientes desde la vid.

2. Pruina

Capa externa que permite la fijación de las levaduras, se encuentra sobre el hollejo. Es una capa blanquecina que se asemeja al polvo como se puede apreciar en la fotografía.

Ilustración 6. Partes de la uva.

3. Pulpa

Es la parte de la uva que contiene una mayor cantidad de agua, entre el 80 y el 90 %. De ella se extrae el mosto después del prensado. Forman parte de su composición la glucosa, fructosa, vitaminas, minerales y los ácidos orgánicos málico y tartárico.

4. Pepitas o semillas

Permiten la reproducción de la vid por vía sexual, desarrollándose desde la fase de fecundación hasta la de maduración.

5. Hollejo

Es la parte exterior de la uva, la piel que recubre la pulpa, en ella se encuentran concentrados los fenoles: antocianos y taninos.

1.8. La vinificación.

Las técnicas empleadas para la elaboración del vino han evolucionado y mejorado a lo largo del tiempo, lo que ha repercutido positivamente en su calidad. Existen diferentes métodos de elaboración en función de los vinos que se desea obtener.

- **La elaboración del vino.**

La vendimia.

Para garantizar la calidad del vino hay que tener en cuenta todos y cada uno de los procesos que se llevan a cabo durante su elaboración. Estos se inician con la recolección de la uva durante la vendimia. Los países situados en el hemisferio norte la realizan generalmente entre los meses de agosto y octubre, llevándose a cabo en algunas zonas en julio. Los países situados en el hemisferio sur, hacen la recolección entre los meses de febrero y abril.

Transporte.

La uva debe ser transportada rápidamente a la bodega para evitar una rotura accidental de los hollejos, lo que podría provocar su oxidación o una fermentación espontánea no deseada. El transporte puede realizarse utilizando distintos métodos:

Transporte en remolques:
Consiste en su traslado en remolques de camiones, cubiertos previamente con carpas para que el metal no entre en contacto con las uvas. El principal problema que presenta este sistema es la presión que soportan las uvas de la parte inferior, lo que puede provocar la rotura de los hollejos y la oxidación del mosto, para evitarlo se añade metabisulfito de potasio a la carga.

Transporte en cajas:
Es un método más lento y caro que el anterior, pero permite el control de la calidad en el viñedo. La carga se transporta en cajas resistentes con una capacidad variable para evitar la rotura de los hollejos y la pérdida de mosto producida por el peso de las uvas. Para la vendimia de uvas destinadas a la elaboración de cavas se utilizan cajas de 25 a 30 kg o remolques de acero inoxidable.

La vendimia para las uvas destinadas a la elaboración de champagne se realiza a mano y se emplean cajas con un máximo de 50 kg, lo que representa una unidad de carga. Este método se utiliza para el traslado de uvas de gran calidad destinadas a la elaboración de los mejores vinos.

Transporte en bins:
La cosecha también puede ser transportada en contenedores de plástico «bins», con una capacidad de almacenamiento de entre 350 kg y 500 kg, que son remolcados por tractores. El tiempo empleado para el transporte de la uva desde su recolección hasta su traslado a la bodega es determinante para garantizar la integridad de las uvas y la calidad final de los vinos.

Toma de muestras.

Durante la recepción de la vendimia se realizan análisis físico-químicos para comprobar su estado, posteriormente la carga se pesa y se descarga de forma manual o automatizada. La toma de muestras se realiza antes de la descarga de la uva y puede hacerse mediante el análisis de una pequeña cantidad de mosto o tomando muestras pinchando las uvas con sondas manuales o automáticas, lo que permite determinar los grados Brix para medir los niveles de azúcar de la uva, el nivel de acidez o la carga fenólica.

Selección.

Una vez ha finalizado el análisis y la descarga de la vendimia, esta pasa a mesas de selección donde se eliminan las uvas que están en mal estado o que han podido ser dañadas durante la manipulación o el transporte.

El despalillado.

Consiste en la separación del fruto de la parte leñosa del racimo denominada raspón o escobajo, esta parte sobrante de la cosecha puede ser reutilizada para la elaboración de abono.

Estrujado.

La siguiente fase del proceso es el estrujado moderado de la uva lo que evita la rotura de las pepitas, permite la extracción del mosto y hace que las levaduras se extiendan, después se realiza el escurrido con el que se obtiene un mosto (yema o flor), de gran calidad y muy aromático. Con los sólidos restantes se realiza el prensado para extraer más mosto que puede ser incluido en el mosto anterior o destinarse a otros fines.

Sulfitado.

El anhídrido sulfuroso es un aditivo alimentario que se añade al vino debido a su capacidad antioxidante y bactericida, lo que facilita su conservación. Un exceso de este puede provocar alteraciones organolépticas importantes que afectan al color, aroma y sabor. La cantidad de sulfuroso que se añada dependerá del estado y composición química de la vendimia. También es importante destacar la importancia del momento en que se añade el anhídrido sulfuroso para preservar la calidad de los vinos, esto debe hacerse durante el estrujado; antes del proceso de vinificación; después de la fermentación alcohólica y maloláctica; antes del fraccionamiento (envasado), y para facilitar su conservación.

Maceración y fermentación alcohólica.

La maceración se realiza a temperatura controlada durante varios días, es un proceso de gran importancia que permite que el mosto entre en contacto con las sustancias que se encuentran dispersas en él. La fermentación de las levaduras produce alcohol etílico y CO2. La aparición de azúcar residual depende del tiempo de acción de las levaduras que se alimentan de él, cuanto mayor sea el tiempo de actuación de estas, menor será la cantidad de azúcar residual en el vino.

Debido a su actividad, el dióxido de carbono arrastra hacia la superficie restos de sedimentos que forman una capa endurecida formada por la pulpa, los hollejos y las pepitas denominada «sombrero», que hay que humedecer mediante una operación que consiste en introducir por la parte superior, el mosto que se encuentra en la inferior. De esta forma, las partes sólidas de la uva entran en contacto de nuevo con el mosto. A veces es necesario romper esta capa por medios mecánicos o manuales.

Descube.
El descube puede realizarse por gravedad o con la ayuda de una bomba y consiste en trasvasar el vino a otro depósito después de la fermentación para separarlo de los sólidos. Para ello se realiza en primer lugar el escurrido o sangrado, lo que permite la obtención del líquido separado de los residuos sólidos, que son llevados posteriormente a la prensa con la que se obtienen los vinos de prensa.

Prensado.
El prensado consiste en ejercer una mayor presión sobre la uva que durante el estrujado. Su finalidad es extraer la mayor cantidad de mosto posible para la elaboración de vino.

Desfangado.
El desfangado se realiza para separar los restos sólidos del mosto obtenido para la elaboración de vinos blancos y rosados después del prensado. Existen dos tipos: el «estático» en el que los restos sólidos caen en el fondo del depósito debido a la gravedad y son posteriormente retirados, y el «mecánico» por centrifugación o filtración.

Fermentación maloláctica.
Permite la transformación del ácido málico en ácido láctico mediante un proceso químico. Su objetivo es reducir el nivel de acidez del vino, lo que lo hace más agradable sensorialmente. En los vinos jóvenes la acidez está considerada una cualidad por lo que no es necesario llevar a cabo este proceso con ellos. Aun así, algunos productores la realizan de manera voluntaria con la finalidad de proporcionar a sus vinos unas determinadas características.

Trasiego.
Tras la fermentación maloláctica el vino se cambia de depósito en varias ocasiones, lo que permite deshacerse de los sedimentos sólidos a la vez que el vino se oxigena.

Clarificación y filtrado.
En algunas ocasiones pueden quedar restos de levaduras u otros sólidos en suspensión dentro del vino. Para eliminarlos se lleva a cabo un proceso denominado «clarificación», que consiste en añadir sustancias como la «albumina» de origen animal, «alginatos» extraídos de algas marinas, o «bentonita» de origen mineral. Esta última puede afectar a las características organolépticas del vino, en especial a los aromas, ya que pueden ser absorbidos provocando la pérdida de algunas de las características aromáticas del vino. El objetivo de la clarificación es lograr que las partículas en suspensión se precipiten al fondo para poder separarlas del vino con posterioridad.

El filtrado se realiza para eliminar las partículas que aún se encuentran en el vino, pese a haberse llevado a cabo la clarificación. Los vinos blancos jóvenes pasan por un proceso de maduración en depósitos de acero inoxidable antes de ser embotellados, que puede durar unos días o meses. Durante este período de tiempo el vino entra en contacto con restos sólidos en especial levaduras muertas (lías), que aportan a los vinos una mayor complejidad organoléptica.

- **Elaboración del vino tinto.**

El primer paso para la elaboración del vino tinto comienza con la recolección de la uva en la vendimia. El tipo de uva empleada es en su mayoría tinta, a la que puede añadirse en determinadas ocasiones pequeñas cantidades de uva blanca.

En la bodega las uvas son pesadas y pasan por un control de calidad destinado a seleccionar las uvas que se encuentran en mejor estado. Una vez realizado este proceso, se realiza el estrujado que puede hacerse con o sin separación del raspón, en ambos casos se obtiene un mosto de gran calidad denominado mosto «flor» o «yema».

Despalillado o separación del raspón o escobajo.
El «raspón» o «escobajo» es el esqueleto compuesto por las ramas que forman la estructura sobre la que se desarrollan los racimos. Una vez que las uvas han sido separadas del raspón, se realiza el estrujado. Durante esta etapa se rompe la piel externa de la uva «hollejo» lo que permite obtener el mosto.

Estrujado sin despalillado.
Cuando se realiza el estrujado de la uva junto con el raspón, el mosto entra en contacto con sustancias fenólicas, nitrogenadas, ácidas y minerales de gran valor enológico.

Después del estrujado el mosto pasa a depósitos de acero, hormigón o madera donde se realizarán los procesos de maceración y fermentación. Las levaduras que se encuentran en la «pruina», una capa de color blanquecino que se encuentra sobre la piel de la uva «hollejo», se activan a una temperatura controlada, que es diferente para tintos y blancos, lo que provoca que se inicie el proceso de fermentación. Cuando se desea realizar una maceración antes de que el mosto fermente, se reduce la temperatura, lo que evita la activación de las levaduras responsables de llevarla a cabo.

La maceración hace que las sustancias que se encuentran en el hollejo, la pulpa y las pepitas, pasen al mosto. Algunas de estas sustancias «fenoles», poseen propiedades antioxidantes, por lo que las maceraciones largas están recomendadas para los vinos de crianza.

Durante el proceso de fermentación los azúcares se transforman en alcohol y CO2, debido a la acción de las levaduras. El dióxido de carbono provoca el desplazamiento de los sólidos de la uva hacia la parte superior del depósito, donde se forma una capa denominada «sombrero». El «remontado» consiste en verter sobre el sombrero el líquido que se encuentra en la parte inferior para continuar con el proceso de maceración.

Después de la fermentación se realiza el descube, que consiste en trasvasar el vino a otro depósito para separarlo de los sólidos e iniciar así, la fermentación maloláctica, con el propósito de reducir la acidez, transformando el ácido málico en ácido láctico.

Una vez ha finalizado el proceso anterior, los vinos destinados a la crianza pasan directamente a los barriles de madera, generalmente de roble, donde entran en contacto con el oxígeno, iniciándose así la fase oxidativa. Posteriormente el vino se pasa a las botellas para su maduración durante la fase de «guarda». Los vinos jóvenes pasan por un proceso de clarificación, filtrado y estabilización tartárica, con lo que se logra la eliminación de las partículas que han podido quedar en suspensión y que pueden dar sensación de turbidez al vino.

- **Elaboración del vino blanco.**

La primera etapa para la elaboración de los vinos blancos se inicia con la recolección de la uva en la vendimia. Las uvas empleadas pueden ser blancas o tintas a estas últimas se les retira el hollejo debido a sus propiedades colorantes. Una vez que las uvas llegan a la bodega se procede a su pesado, posteriormente se realiza el estrujado con o sin despalillado. Gracias a la presión soportada por las uvas durante el estrujado y el prensado se logra extraer mosto de distintas calidades, el primero es el mosto yema o flor de gran calidad, el siguiente es el mosto corazón o intermedio y el último el de prensa.

Para evitar una fermentación espontánea y la oxidación, se reduce la temperatura y se añade dióxido de azufre que actúa como conservante. Después de realizar las operaciones anteriores el mosto presenta restos sólidos que lo enturbian por lo que se procede a su limpieza «desfangado». Esta operación puede realizarse de dos formas, la primera de ellas consiste en dejar reposar el líquido para que por efecto de la gravedad las partículas sólidas caigan en el fondo del depósito y puedan ser retiradas con posterioridad. La segunda se realiza mecánicamente con la ayuda de máquinas clarificadoras. Es recomendable que antes de realizar esta operación se realice el «deburbado», lo que permite separar las partículas de mayor tamaño antes de que lleguen al filtro.

El mosto libre de impurezas se bombea para que llegue a los depósitos de acero inoxidable o a tinas de madera donde se desarrollará la fermentación alcohólica. Una característica positiva de los vinos jóvenes es su acidez, lo que les otorga su frescura característica, por esta razón se reduce su temperatura o se les añade sulfuroso, lo que evita que se produzca la fermentación maloláctica. Los vinos destinados a crianza se someten a una fermentación alcohólica y otra maloláctica. En ambos casos quedan restos de levaduras muertas «lías» y otros subproductos sólidos que pueden conservarse si lo que se desea es obtener vinos de mayor complejidad. El «trasiego» consiste en la separación del vino de los restos sólidos, trasvasando este a otro depósito. Posteriormente el vino pasa por un proceso de estabilización antes del embotellado o maduración.

- **Elaboración del vino rosado.**

El vino rosado se elabora con uvas tintas o con uvas tintas mezcladas con una pequeña proporción de uvas blancas. Pueden elaborarse por sangrado «método Saignée» o por prensado directo «técnica Vin Gri», a partir de la que se obtienen vinos grises.

Método Saignée.

Esta técnica permite elaborar vinos rosados de calidad a partir del mosto con el que se obtienen vinos tintos. El tiempo de maceración antes del sangrado es corto y el mosto que se extrae fermenta de manera separada de esta forma se obtienen vinos rosados con una mayor intensidad de color.

Técnica Vin Gri.

La técnica consiste en extraer el hollejo del fruto, para impedir que durante la maceración el mosto adquiera un color intenso. Lo que se pretende conseguir es la obtención de vinos rosados de colores muy claros y asalmonados, con esta técnica se obtiene el vino gris de origen francés.

- **Elaboración de vinos de maceración carbónica.**

Mediante el proceso de maceración carbónica se obtienen vinos jóvenes que se elaboran introduciendo los racimos enteros durante varios días en el interior de depósitos cerrados (cubas de fermentación), a continuación, se introduce dióxido de carbono con lo que se consigue extraer el oxígeno del interior de los depósitos. La finalidad de esta operación es llevar a cabo una fermentación anaeróbica (sin oxígeno), con lo que se consigue que se desencadene una fermentación intracelular a partir de las enzimas que contienen las uvas, lo que provoca la transformación de parte de los azúcares y el ácido málico en alcohol etílico, sin la participación de las levaduras.

La presión ejercida desde el interior de las uvas por el gas CO2 hace que se rompan los hollejos, con lo que se libera el mosto que contienen en su interior. Esta reacción permite que el líquido entre en contacto con las levaduras, con lo que se inicia la fermentación alcohólica. Para llevarla a cabo se separan del mosto las pieles y los raspones «descube». Después se introduce oxígeno en los tanques, lo que facilita el proceso. Posteriormente las pieles son prensadas para obtener mosto de prensa.

Después de la fermentación alcohólica se realiza una fermentación maloláctica de corta duración, la brevedad de esta se debe a que gran parte del ácido málico se ha transformado en alcohol durante la fermentación intracelular. El mosto flor y el de prensa pueden mezclarse para obtener vinos con más taninos y cuerpo. La última fase del proceso de producción de estos vinos antes del embotellado es la estabilización.

Gracias a la maceración carbónica se obtienen vinos tintos y rosados más ligeros, de aromas varietales, con menor acidez, afrutados y frescos. Este método también puede emplearse para la elaboración de vinos blancos.

- **Elaboración de vinos espumosos.**

Los vinos espumosos se caracterizan por contener gas carbónico CO2, que puede obtenerse de manera natural, a través de la fermentación o artificialmente por métodos industriales.

El método champenoise o tradicional.

El champagne es un vino espumoso cuyo origen es la región de Champaña, actualmente integrada en la región administrativa del Gran Este, al noreste de Francia. Es una bebida protegida como denominación de origen controlada, appellation d'origine contrôlée (AOC). Se obtiene realizando una segunda fermentación dentro de la botella y es el método de mayor calidad con el que se elabora el champagne y el cava.

El método charmat o granvas.

Se diferencia del método champenoise en que la segunda fermentación no se realiza en la botella, sino en tanques de acero inoxidable a los que se añaden azúcares y levaduras para realizar una nueva fermentación.

Método transfer.

Consiste en realizar una segunda fermentación en botella, donde el vino reposa un mínimo de dos meses. Posteriormente es trasvasado a un tanque donde es filtrado y de nuevo trasvasado a otra botella.

Gasificado.

Consiste en la inyección de CO2, por medios industriales, con lo que se consiguen unas burbujas de peor calidad.

- **Elaboración del champagne.**

El champagne es una variedad de vino espumoso francés para cuya elaboración se emplea el método champenoise. Su origen es la región de la Champaña-Ardenas, que desde el 1 de enero de 2016, junto con Alsacia y Lorena constituyen la región administrativa del Gran Este. Se produce únicamente con las uvas autorizadas que proceden de esta región, ningún otro vino fuera de ella puede denominarse champagne.

Son vinos espumosos en cuya elaboración predominan las uvas tintas sobre las variedades blancas. La más utilizada es la pinot noir que supone un 38 % del terreno cultivado, seguida de la meunier con un 32 % y la variedad chardonnay con un 30 %.

Pinot noir.

Es una variedad tinta con origen en la Borgoña (Francia), se cultiva en todo el mundo, sobre todo en las regiones menos cálidas. Los vinos elaborados con este tipo de uva presentan un color de baja intensidad que varía con la edad, los blancos muestran un brillo superior. En nariz se aprecian aromas frutales, florales y herbáceos. En boca son vinos agradables, frescos y bien estructurados.

Meunier.

Variedad tinta que procede de Francia, donde ocupa grandes extensiones de cultivo. Con ella se obtienen vinos pálidos y brillantes, con aromas afrutados y aromáticos. En boca son ligeros, con buena acidez y bajos en taninos.

Chardonnay.

Tiene su origen en la Borgoña (Francia), es una variedad blanca que se cultiva en todo el mundo. Los vinos elaborados con esta variedad presentan un color amarillo pajizo con reflejos dorados. En nariz se aprecian aromas cítricos a frutas tropicales y especiados. En boca son vinos potentes, de acidez alta y afrutados.

Los «cru» son municipios vinícolas clasificados según la calidad de la cepa, el terruño y el clima. Los vinos obtenidos de un cru son considerados de calidad superior. Casi todos los vinos de champagne son sometidos a una mezcla de vinos (ensamblaje), de distintos cru o de vinos de reserva. Pueden realizarse gran cantidad de ensamblajes; de vendimias con características diferentes; de cepas diferentes o de añadas con distintos niveles de calidad.

Existen distintas variedades de champagne en función de sus características: color de las uvas empleadas, ensamblaje, maduración o cantidad de azúcar residual.

Blanc de blancs.
Para realizar el ensamblaje se utilizan únicamente uvas blancas.

Blanc de noirs.
Son vinos blancos elaborados solo con las variedades tintas autorizadas.

Millésime.
Son los vinos elaborados a partir de la mezcla de vinos del mismo año (añada). El tiempo mínimo de crianza es de 3 años.

Non millésime.
Son vinos obtenidos a partir de la mezcla de vinos de reserva de distintas añadas.

Rosé.
Se elaboran a partir de la maceración de uvas tintas o por el ensamblaje de vinos blancos con tintos tranquilos con Denominación de Origen Champagne.

Maduración mínima.
Es obligatoriamente de 15 meses en las bodegas de elaboración.

Cosechas especiales.
Más de 3 años.

Más del 90 % de los vinos de champagne son brut, lo que significa que la cantidad de azúcar residual por litro es menor de 12 gramos. A continuación, se muestra una tabla con los distintos tipos de champagne teniendo en cuenta su contenido de azúcar.

Dulce	Semiseco	Seco	Extra seco	Brut	Extra brut
Más de 50 g/l.	Entre 32 y 50 g/l.	Entre 17 y 32 g/l.	Entre 12 y 17 g/l.	Menos de 12 g/l.	0 a 6 g/l.

Los vinos con un contenido inferior a 3 gramos y sin azúcares añadidos se denominan brut nature, pas dosé o dosaje zéro.

- **Elaboración del cava.**

El cava es un vino espumoso español que se elabora con el mismo método que el champagne francés «método champenoise», sin embargo, este término solo puede utilizarse para los vinos espumosos elaborados en Francia con la Denominación de Origen Controlada (AOC) champagne, por lo que en las botellas de cava solo puede aparecer la expresión «método tradicional».

En 1991 se aprobó el Reglamento de la Denominación Cava y de su Consejo Regulador. En el artículo 17 de la Ley 6/2015, de 12 de mayo, de Denominaciones de Origen e Indicaciones Geográficas Protegidas de ámbito territorial supraautonómico se reconoce el régimen jurídico del Consejo Regulador.

Forman parte de la región del Cava, 159 municipios, la mayoría de ellos situados en Cataluña: provincia de Barcelona, Tarragona, Lleida y Girona. También se integran en esta región: La Rioja, Zaragoza, Álava, Navarra, Valencia y Badajoz. Las variedades de uva autorizadas para la elaboración del cava son macabeo o viura, xarel-lo, parellada, chardonnay, subirat parent, trepat, garnacha tinta, pinot noir y monastrell.

Macabeo o viura.

Tiene su origen en Vilafranca del Penedés y es la variedad más cultivada dentro de la D. O. Es una variedad blanca delicada, debido a su gran tamaño y piel fina. De ella se obtienen vinos equilibrados, de suaves aromas florales y con buena capacidad para el envejecimiento.

Xarel-lo.

Es la segunda variedad más plantada en la D. O. Cava. Es una uva blanca que también procede de la zona del Penedés, posee una piel gruesa que la hace resistente a las enfermedades y da como resultado vinos estructurados, con cuerpo y buena acidez.

Parellada.

Variedad blanca autóctona con frutos de tamaño grande y resistente al cultivo en altura, es el tercer tipo de uva más cultivada. Los vinos elaborados con esta variedad son estructurados, afrutados, suaves, aromáticos y de graduación alcohólica moderada.

Chardonnay.

Es una variedad blanca originaria de Francia, que brota de manera precoz, por lo que la vendimia se realiza a mediados del mes de agosto. Con ella se elaboran vinos con cuerpo, muy aromáticos, de buena acidez y graduación alcohólica. Son adecuados para el envejecimiento.

Subirat parent o malvasía blanca.

Posee un color amarillo que adquiere tonalidades rojizas durante la maduración. Los vinos elaborados con esta variedad son frescos, con aromas a frutos tropicales, florales y herbales y se vuelven complejos durante el envejecimiento.

Trepat.

Es una variedad tinta de brote temprano, cuya vendimia se realiza de manera tardía, la cepa da frutos de gran tamaño y piel gruesa que permiten elaborar vinos rosados frescos, ligeros, equilibrados con aromas afrutados y especiados.

Garnacha tinta.

Aunque de origen incierto existen registros escritos de su existencia en Aragón a principios del siglo XVI, por lo que esta es la procedencia más probable. Es una variedad tinta de frutos grandes y piel fina que da lugar a vinos rosados equilibrados de aromas afrutados con acidez moderada.

Pinot noir.

Procede de la Borgoña (Francia), sus frutos de brotación precoz, son pequeños y de color violeta. Con esta variedad se elaboran vinos rosados elegantes y aromáticos, bajos en taninos con burbujas y corona persistentes. En el año 2007 se autorizó su uso para la elaboración de cavas blancos blancs de noirs.

Monastrell.

Se trata de una variedad tinta con frutos de gran tamaño, piel gruesa y color azulado, con la que se elaboran rosados con cuerpo y buena capacidad de envejecimiento.

- **Clasificación del cava según el tiempo de crianza.**

Cava.
A partir de 9 meses de crianza, se consiguen vinos ligeros, afrutados y cítricos con aromas que recuerdan a la vendimia y a flores blancas. En la copa presentan burbujas vivaces que ascienden rápidamente hacia la superficie.

Temperatura de degustación: entre 7º C y 8º C.

Reserva.
A partir de 18 meses de crianza, se obtienen vinos de gran complejidad y muy aromáticos. En la copa presentan un aspecto brillante con burbujas finas y abundantes.

Temperatura de degustación: entre 8º C y 10º C.

Gran Reserva.
A partir de 30 meses de crianza, se logran vinos plenos, elegantes y sedosos de gran complejidad aromática. En la copa presentan un color amarillo intenso con reflejos dorados y burbujas bien integradas.

Temperatura de degustación: entre 10º C y 12º C.

Cava de Paraje Calificado.
A partir de 36 meses de crianza, se consiguen vinos de gran calidad obtenidos de uvas que proceden de un paraje identificado y delimitado geográficamente, que presenta unas características edafológicas y climáticas que los distingue.

Temperatura de degustación: entre 10º C y 12º C.

En la tabla siguiente se muestra la clasificación del cava según su contenido de azúcar.

Brut nature	**Extra brut**	**Brut**	**Extra seco**	**Seco**	**Semi seco**	**Dulce**
De 0 a 3 g/l.	De 0 a 6 g/l.	Máximo 12 g/l.	Entre 12 y 17 g/l.	Entre 17 y 32 g/l.	Entre 32 y 50 g/l.	Más de 50 g/l.

- **El método champenoise o tradicional.**

Desde 1987 es necesario contar con una habilitación como «centro de prensado», basada en el cumplimiento de más de 20 requisitos asociados al tipo de prensa, sulfitado o a la seguridad e higiene entre otros.

El prensado.
En el momento de la recepción, las uvas se pesan antes de introducirlas en prensas cuya capacidad oscila entre los 2.000 kg y los 12.000 kg. El cuaderno de prensa sirve para identificar cada carga de 4.000 kg, esta es la unidad tradicional de prensado a la que se denomina «marc», también se analiza el contenido de alcohol probable (AP).

Separación del mosto.

De un marc se obtienen 25,50 hl de mosto que se divide en dos partes, separando los primeros 20,50 hl, a los que se denomina «cuvée» de los siguientes 5 hl «taille». La cuvée es un mosto de gran calidad rico en azúcares y ácidos málico y tartárico que proporciona vinos frescos, ligeros y aromáticos con gran capacidad de envejecimiento.

Sulfitado del mosto.

El sulfitado consiste en añadir anhídrido sulfuroso al mosto, debido a su gran capacidad antiséptica y antioxidante. El mosto obtenido después del prensado se introduce en cubas denominadas «belons».

El desfangado.

Permite clarificar el mosto gracias a la sedimentación de los restos sólidos en el fondo de los depósitos, que se produce de manera natural por efecto de la gravedad. Entre 12 y 24 horas después el mosto clarificado se envía a la bodega donde se inicia la vinificación.

Fermentación alcohólica.

El proceso de vinificación se realiza en depósitos de acero inoxidable y en contadas ocasiones en barricas de roble, consiste en la transformación del mosto en vino durante la fermentación alcohólica (vinificación), momento en el que las levaduras comienzan a transformar los azúcares en alcohol y dióxido de carbono.

Fermentación maloláctica.

Consiste en la transformación del ácido málico en ácido láctico, lo que permite reducir la acidez del vino. Aunque no es obligatoria, cuando se realiza el vino evoluciona adquiriendo aromas secundarios o fermentativos. Cuando no se realiza es porque se prefiere preservar y destacar los aromas primarios de la variedad y el viñedo.

Clarificación.

Tras la fermentación maloláctica se lleva a cabo el trasiego y clarificación del vino, lo que da lugar a los denominados «vinos claros», tras lo cual se realiza el ensamblaje.

El ensamblaje.

Consiste en la mezcla de vinos de vendimias con características diferentes, procedentes de distintas cepas o de distintas añadas.

El embotellado y la toma de espuma.

Para provocar la fermentación en el interior de las botellas, se introduce un licor denominado «tiraje» que contiene levaduras y azúcar, lo que provoca que se inicie una segunda fermentación a partir de la cual se obtiene más alcohol y CO_2. Finalmente, las botellas se cierran con un tapón denominado «bidule» y una cápsula. Posteriormente son trasladadas a la bodega donde se depositan en posición horizontal.

La maduración.

El vino permanece en las botellas en contacto con restos de levaduras (lías) y madura en cavas a una temperatura en torno a los 12º C, protegido de la luz. El período mínimo de maduración es de 15 meses, de los cuales 12 deben haber transcurrido obligatoriamente sobre lías. El tiempo de maduración mínimo del champagne millésime (con añada), es de 3 años, aunque la mayoría de ellos lo hacen entre 4 y 10 años, Por último, los vinos sin añada tienen un tiempo de maduración de entre 2 y 3 años.

El removido.
Permite arrastrar de manera manual o mecánica los sedimentos que permanecen en el interior de la botella hacia el gollete, que es la parte más ancha del cuello de esta, con la finalidad de eliminarlos durante la fase de degüelle. Antes de realizar esta última operación las botellas se apilan hacia abajo.

El degüelle.
Permite desechar los sedimentos depositados en el gollete de las botellas y puede realizarse de dos formas; la primera de ellas se realiza de manera mecánica, congelando los sedimentos del gollete que posteriormente serán eliminados gracias a la presión interna provocada por el CO2 al abrir las botellas; la segunda se hace de manera manual situando la botella hacia abajo, abriéndola y recuperando rápidamente la posición horizontal para evitar la pérdida de vino.

La dosificación.
Consiste en añadir azúcar de caña mezclado con vino (licor de expedición), antes del cierre hermético de la botella, con la finalidad de reponer la pérdida de líquido provocada por el degüelle. La dosis de esta mezcla varía en función del tipo de vino que se desea obtener, pudiendo realizarse con el mismo vino o añadiendo al licor otros vinos de reserva, con lo que se garantiza su riqueza y variedad aromática.

Taponado de la botella.
El cierre de la botella se realiza con un tapón de corcho aglomerado, en el que deben aparecer obligatoriamente la denominación «champagne», si es millésime y también la «añada». El tapón se cubre con un bozal de alambre y la cápsula que evitan que el corcho salga despedido debido a la presión interna de la botella.

Sacudida o poignettage.
Una vez que las botellas han sido cerradas se procede a agitarlas enérgicamente, con la finalidad de que el vino y el licor de expedición se integren de manera homogénea.

Control de la limpidez o mirage.
Permite comprobar que no existen partículas en suspensión, lo que significaría que el vino es turbio y por lo tanto defectuoso. Cuando el vino es límpido presenta un aspecto limpio y transparente que es sinónimo de calidad.

- **Vinos espumosos europeos de origen italiano.**

La producción de vinos espumosos se realiza en toda Italia, pero sobre todo en las regiones de Piamonte, Véneto, Friuli-Venezia Giulia, Lombardía, Trentino-Alto Adigio y Emilia-Romaña. Los vinos espumosos italianos se elaboran generalmente con uvas de las variedades glera, moscato bianco, lambrusco, trebbiano, malvasia, pinot blanc, pinot noir, pinot gris o chardonnay.

Asti.
Es un espumoso italiano con Denominación de Origen Controlada y Garantizada elaborado con uvas de la variedad moscato bianco. El método empleado para su

elaboración es el «charmat». Son agradables, ligeros y afrutados de sabor dulce y con niveles moderados de alcohol. Su origen se encuentra en Asti capital de la provincia del mismo nombre, situada al noroeste de Italia en la región de Piamonte.

Prosecco.

Es un vino espumoso blanco, seco o extraseco que se elabora con la variedad de uva blanca glera de las regiones de Véneto y Friuli-Venezia Giulia en el noreste de Italia, al que se pueden añadir hasta un 15 % de otras variedades locales, pinot blanc, gris o chardonnay. Son vinos frescos, ligeros y aromáticos de color amarillo pálido, **spumantes** o **frizzantes** que se obtienen por el método charmat.

Spumantes.

Vinos espumosos de color amarillo pajizo de distinta intensidad, brillantes, de burbujas finas y espuma persistente. En nariz se aprecian aromas varietales, florales y frutales. En boca son frescos, ligeros, vivaces y presentan buena acidez.

Frizzantes.

Son vinos de burbujas ligeras poco persistentes, de color amarillo pajizo, de intensidad variable y brillantes. Poseen aromas varietales, florales y frutales. En boca son vinos ligeros y frescos con buena acidez, secos o dulces.

En la tabla siguiente se muestra la clasificación según el contenido de azúcar de los vinos prosecco espumantes y frizzantes con Denominación de Origen Controlada.

Brut	Extra seco	Seco	Semiseco
Menos de 12 g/l.	Entre 12 y 17 g/l.	Entre 17 y 32 g/l.	Entre 32 y 50 g/l.

Los vinos prosecco se dividen en dos categorías la Denominación de Origen Controlada y la Denominación de Origen Controlada y Garantizada Conegliano Valdobbiadene Prosecco Superior.

Denominación de Origen Controlada Prosecco.

La Denominación de Origen Controlada Prosecco fue creada en el año 2009, de manera paralela a la aparición del Consorcio del Control Prosecco.

Conegliano Valdobbiadene Prosecco Superiore DOCG.

Los prosecco con Denominación de Origen controlada y Garantizada se distinguen por su procedencia, el «Rive». Se elaboran con uvas que proceden de un solo municipio y el «Cartizze» se produce en el municipio de Valdobbiadene.

En la tabla siguiente se muestra la clasificación según el contenido de azúcar de los vinos Conegliano Valdobbiadene Prosecco Superiore.

Extra brut	Brut	Extra seco	Seco
De 0 a 6 g/l.	De 0 a 12 g/l.	De 12 a 17 g/l.	De 17 a 32 g/l.

Lambrusco.

La variedad de uva tinta lambrusco es rica en sales minerales, con ella se obtienen vinos ligeros, frescos, efervescentes y afrutados para cuya elaboración se utiliza el método charmat. Se cultiva en las regiones de Emilia Romaña y Lombardía, principalmente en Módena, Mantua, Parma y Reggio Emilia. También se cultiva en Piamonte y a menor escala en Basilicata. Las Denominaciones de Origen Protegidas (DOP), son las siguientes:

Lambrusco di Módena.

De color rojo rubí con burbuja fina y espuma y reflejos violeta. En nariz presenta aromas frescos a frutos rojos y a cítricos. En boca es fresco, efervescente y afrutado.

Lambrusco di Sorbara.

De color rojo rubí y espuma rosada. En nariz se aprecian notas de aromas frescos y florales, entre los que destaca la violeta. En boca es ligero, afrutado, equilibrado y con una buena acidez.

Lambrusco Salamino di Santa Croce.

De color rojo rubí y espuma violeta. En nariz presenta aromas frescos y a fruta madura. En boca es fresco, delicado, armónico y de acidez agradable.

Lambrusco Grasparossa di Castelvetro.

De color rojo rubí intenso y espuma violeta. En nariz muestra aromas complejos, varietales, frutales y a frutos secos (almendra). En boca es fresco, agradable, ligero y afrutado.

- **Vinos espumosos europeos de origen alemán.**

En Alemania existen 13 regiones vinícolas localizadas en las riberas de los ríos Rin y sus afluentes, Mosela y Neckar. La mayor región vinícola de Alemania es Rheinhessen donde se cultivan sobre todo las variedades riesling, müller-thurgau, silvaner, pinot blanc y pinot gris. La gran mayoría de la superficie de cultivo se destina a las variedades blancas riesling y a la müller-thurgau.

Los vinos blancos elaborados con la variedad müller-thurgau son aromáticos, afrutados y con baja acidez, con ella se elaboran vinos jóvenes o del año. Los vinos elaborados con la variedad riesling adquieren aromas a flores blancas, anís, hinojo, comino o a minerales. Dependiendo del terroir también pueden presentar notas frutales sobre todo a cítricos, son vinos frescos que evolucionan bien en la botella. Entre las variedades tintas, las más cultivadas son la **blauer spätburgunder** y la **dornfelder.**

Blauer spätburgunder o pinot noir.

Brillante de color rojo rubí. En nariz presenta aromas a frutos rojos y a almendras, cuando los vinos maduran en barricas pueden adquirir aromas especiados. En boca son frescos y aterciopelados, se vuelven complejos con la edad.

Dornfelder.

De color rojo oscuro. En nariz se aprecian notas frutales, los de mayor calidad presentan aromas florales y frutales. En boca son afrutados y los de calidad superior ligeramente dulces y aterciopelados. Poseen gran cantidad de polifenoles lo que los hace envejecer bien.

Vinos Sekt.

En Alemania los vinos espumosos sekt de calidad se elaboran con el vino base de la misma zona de cultivo, son vinos frescos y afrutados. La mayoría de estos espumosos son blancos y en menor proporción rosados. Para su elaboración algunos productores utilizan el método champenoise, aunque la mayoría de ellos se elaboran por el método charmat.

Deutscher Sekt.

Los vinos Deutscher Sekt, se elaboran con vino base alemán que se obtiene de las variedades riesling, pinot blanc, pinot noir y pinot gris.

Winzersekt.

Son vinos espumosos alemanes de calidad, elaborados por pequeños viticultores con uvas exclusivamente cultivadas para su producción individual.

- **Vinos espumosos de Sudáfrica.**

Como hemos visto con anterioridad la palabra champagne es un término protegido que solo puede emplearse para los vinos espumosos franceses elaborados en la zona delimitada en el Gran Este. Los productores sudafricanos utilizan un nombre alternativo «Méthode Cap Classique» para mencionar los vinos espumosos de calidad elaborados por el mismo sistema. Los mejores espumosos sudafricanos proceden de Paarl District WO, al noreste de la Ciudad del Cabo y Robertson District WO en Breede River Valley Region WO. Las variedades blancas ocupan aproximadamente un 80 % de la superficie cultivada, siendo la steen (chenin blanc), la más utilizada. También se cultivan la hanepoot (moscatel de Alejandría), colombard, sauvignon, chardonnay y la crouchen.

Variedad steen.

Con ella se obtienen vinos de gran complejidad aromática, son frescos y suaves, pero con una elevada acidez, lo que la convierte en una variedad perfecta para la elaboración de espumosos, por su buen potencial para el envejecimiento.

Hanepoot.

Con ella se elaboran vinos muy aromáticos y con un elevado nivel de azúcar.

Colombard.

Sus vinos son ácidos y afrutados, pero sobre todo cítricos.

Las variedades tintas son cabernet sauvignon, cinsaut, pinotage, merlot, syrah, cabernet franc y pinot noir.

1.9. Composición del vino.

El vino se encuentra compuesto por agua, etanol, ácidos orgánicos, y postfermentativos, azúcares residuales, minerales y las sustancias fenólicas taninos y antocianos.

Agua: aproximadamente el 85 % del vino es agua, todo el resto de sustancias que forman parte de su composición se encuentran en suspensión.

Etanol: el alcohol etílico del vino es fruto de la fermentación de la uva, durante dicho proceso, las levaduras transforman los azúcares del mosto en etanol. Es la segunda sustancia, después del agua, más abundante en el vino.

Ácidos orgánicos: su proporción en el vino se encuentra entre los 3 y los 9 gramos por litro, el ácido tartárico es el más abundante. Los ácidos málico, tartárico y cítrico, proceden de la uva y sufren modificaciones durante el proceso de fermentación, en especial durante la fermentación maloláctica.

Ácidos postfermentativos: debido a los procesos químicos derivados de las fermentaciones alcohólica y maloláctica, hacen su aparición los ácidos acético, succínico y láctico.

Azúcares residuales: son restos de azúcares que no se han transformado en alcohol como consecuencia de la acción de las levaduras. Durante la fermentación alcohólica puede aparecer un subproducto denominado glicerol que proporciona dulzor y cuerpo al vino.

Vitaminas: el vino contiene vitamina C, bien formando parte de su composición o por adición debido a sus propiedades, que afectan positivamente al aroma y al color del vino. También contiene vitaminas del grupo B, de gran importancia para mantener la actividad de las levaduras durante el proceso de fermentación.

Minerales: las raíces de la cepa, adsorben las sales minerales del suelo. El vino contiene entre los 2 y los 4 gramos por litro.

Taninos y antocianos: son compuestos fenólicos que se encuentran presentes en las partes sólidas de la uva. Durante el proceso de maceración, que se realiza al mismo tiempo que la fermentación del mosto, pasan a formar parte de la composición del vino, proporcionándole color, estructura y sensaciones táctiles. Si su proporción es adecuada, contribuyen al equilibrio del vino.

1.10. Crianza.

Los vinos destinados a la crianza y envejecimiento se introducen en barricas de roble y después son embotellados y almacenados en la bodega, la madera se selecciona siguiendo criterios de calidad.

- **Tipos de madera.**

  El roble francés Quercus robur y Quercus petraea.

  Se utiliza para envejecer los vinos de mayor calidad, sus poros son pequeños, lo que permite que el proceso oxidativo se realice de manera más lenta, con lo que se consigue preservar los aromas varietales.

El roble americano Quercus alba.

Se utiliza para crianzas cortas, sus poros son de mayor tamaño que el anterior, por lo que el proceso oxidativo se desarrolla más rápidamente. De esta madera se obtienen vinos con mayor cuerpo.

Roble español.

Aunque las barricas de roble español son de muy buena calidad, la extensión de robledales en España es escasa, lo que provoca que su precio sea elevado. Esta situación se debe a que los robledales suelen ser sustituidos por áreas de cultivo, pastos o a que los robles son talados para emplear su madera en la construcción. Aun así, algunas bodegas españolas producen vinos envejecidos en barricas de roble español, que destacan sobre todo en la fase olfativa por sus aromas a madera, torrefactos y especiados.

- **Tipos de tostado de las barricas de roble.**

El tiempo empleado y la intensidad del tostado, denominado «bousinage», modifica las características de la madera y da lugar a distintos perfiles aromáticos.

Tostado ligero.

Permite conservar los taninos de la madera. El aroma a madera es prácticamente imperceptible y proporciona vinos amargos.

Tostado medio.

El contenido tánico es bajo y se originan aromas a frutos secos, especias y café.

Tostado alto.

Da lugar a aromas ahumados y especiados.

- **Envejecimiento en botella.**

Una vez ha finalizado la fase oxidativa, se desarrolla una segunda crianza dentro de la botella (fase reductora), caracterizada por la ausencia de oxígeno. En esta etapa el vino evoluciona, se afina y aparecen los aromas de reducción y el buqué.

- **El sistema de criaderas y soleras.**

Es el método de envejecimiento con el que se producen los vinos con las D. O. Marco de Jerez y Montilla-Moriles, que consiste en mezclar vinos de distintas edades. Las barricas (botas), se colocan en tres alturas. Las que se encuentran en contacto directo con el suelo son las «soleras» que contienen el vino de mayor edad, sobre ellas se sitúa la «primera criadera» y sobre esta la «segunda criadera». Al conjunto formado por las diferentes botas se le denomina «andana».

Es un sistema dinámico caracterizado por el movimiento de los vinos de una barrica a otra «trasiego». La «saca» consiste en extraer una determinada cantidad de vino de las botas que forman la hilada o fila de la solera. Esta operación suele realizarse una vez al año. El vino que se extrae de las soleras se corrige reponiéndolo «rocío». A las tareas de merma del vino «sacas» y a las de reposición «rocío» se les denomina «correr escalas».

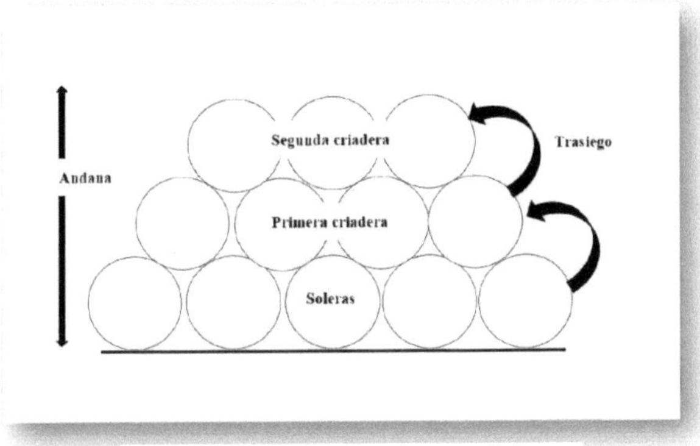

Ilustración 7. Sistema de soleras y criaderas.

Los aromas primarios.

La riqueza aromática depende de la variedad de la cepa, la calidad del suelo y el grado de madurez de la uva durante la vendimia. Los aromas primarios proceden de sustancias volátiles con notas florales, frutales, vegetales y minerales que destacan en los vinos jóvenes.

Ilustración 8. Aromas primarios.

Los aromas secundarios.

Los aromas secundarios aparecen durante la fermentación o vinificación del mosto y dependen de los tipos de levadura, de la temperatura de fermentación y de la calidad de los procesos que se desarrollan en las etapas siguientes. Los aromas secundarios tienen notas que recuerdan a productos lácteos, levaduras, panadería, pastelería o químicos (amílicos).

Los vinos tintos fermentan a una temperatura superior a la de los blancos y el tiempo de maceración con las partes sólidas de la uva también es mayor. Generalmente los blancos no necesitan de las sustancias fenólicas y colorantes que se concentran en el hollejo de las uvas, lo que les permite conservar los aromas varietales primarios a la vez que adquieren los secundarios.

Ilustración 9. Aromas secundarios.

Los aromas terciarios.

Ilustración 10. Aromas terciarios.

El contacto del vino con la madera de las barricas de roble durante la crianza y su oxigenación hace que los vinos adquieran nuevos aromas. En la etapa siguiente los vinos son embotellados y encorchados iniciándose así, la fase reductora, que se desarrolla en el interior de la botella, donde el vino madura y se afina.

Durante la crianza en madera y en botella aparecen el buqué de oxidación y el de reducción, los aromas que proporcionan son de gran calidad y están asociados al proceso de envejecimiento. Los aromas terciarios son complejos con notas a madera, balsámicos, animales o empireumáticos.

1.11. Tipos de vino.

El color del vino depende de distintos factores, entre ellos la variedad de uva empleada o el tiempo de maceración del mosto junto con los hollejos. Los procesos químicos que se derivan de la evolución de los vinos maduros, afectan tanto a su brillo como a su color.

El Reglamento Delegado (UE) 2019/934 de la Comisión, de 12 de marzo de 2019, expone en su artículo 8, que no pueden mezclarse vinos blancos con vinos tintos sin Denominación de Origen Protegida o Indicación Geográfica Protegida. En España la Ley 24/2003, de 10 de julio, de la Viña y del Vino, en su artículo 11, señala que en España está prohibido mezclar vinos tintos con vinos blancos.

- **Tipos de vinos según su color.**

  Vinos tintos: se obtienen a partir de uvas mayoritariamente tintas. Durante la fase de maceración en la que los hollejos de la uva entran en contacto con el mosto, las sustancias colorantes (antocianos), se dispersan. Cuanto mayor sea el tiempo de maceración, mayor será la concentración de antocianos y de otras sustancias.

  Vinos blancos: se elaboran con uvas blancas y excepcionalmente con tintas de pulpa no coloreada. Para evitar que adquieran color se las separa del hollejo.

  Vinos rosados: el vino rosado puede elaborarse con uvas tintas o con la mezcla de estas con una pequeña proporción de uvas blancas. Para evitar que el color sea muy intenso el tiempo de maceración del mosto junto con los hollejos es corto.

  Vino gris: se consiguen separando el hollejo de la uva, para impedir que durante la maceración el mosto adquiera un color intenso. De esta forma se obtienen vinos rosados de colores muy claros.

- **Tipos de vinos según las variedades empleadas.**

Una variedad de uva es aquella que presenta unas características comunes identificables genética y morfológicamente. Para elaborar el vino pueden establecerse distintas proporciones de las variedades seleccionadas, con lo que sus características organolépticas se ven modificadas.

Vinos monovarietales: los vinos monovarietales se producen a partir de la misma variedad de uva, cuyo porcentaje en la composición del vino debe ser del 100 %.

Vinos varietales: se elaboran con una proporción entre el 80 y el 85 % de una única variedad de uva, lo que permite incorporar entre un 15 % y un 20 % de otra variedad.

Vinos multivarietales o de corte: se elaboran con dos o más variedades de uva en distintas proporciones.

Vinos de coupage: coupage es una palabra francesa que sirve para identificar los vinos que se obtienen a partir de la mezcla de varios de ellos y que para su producción deben seguir las prescripciones de sus respectivas Denominaciones de Origen.

- **Los Vinos especiales.**

Son vinos que debido a los procesos empleados para su elaboración cuentan con unas características especiales y diferenciadoras.

Vinos de crianza bajo velo de flor: son vinos con una graduación alcohólica igual o superior al 15 % vol., que han sido sometidos a una crianza biológica. Durante la crianza el vino entra en contacto con el aire, lo que permite el desarrollo del velo de flor, que es una capa de levadura viva que se forma en su superficie durante el tiempo que permanece en el barril.

Vinos de licor: son vinos con una graduación alcohólica igual o superior al 15 % vol., con un límite igual o superior al 22 % vol. A este producto base se le añaden alcoholes de origen vínico con lo que su graduación alcohólica se eleva. Opcionalmente puede añadirse mosto concentrado, caramelo o mistela con lo cual aumenta su dulzor.

Vinos espirituosos: son vinos de licor con una graduación alcohólica no inferior al 12 % vol., a los que se añade exclusivamente aguardiente de vino o alcohol rectificado de origen vínico. La adición extra de alcohol (encabezamiento), hace que aumente su graduación alcohólica hasta un volumen que no puede ser inferior al 4 %.

Vinos licorosos: son vinos de licor con una graduación alcohólica no inferior al 12 % vol., a los que se puede añadir aguardiente de vino o alcohol rectificado de origen vínico, mostos concentrados o mistelas. El incremento de la graduación alcohólica no puede ser inferior al 4 %.

Vinos espumosos: se obtienen después de realizar una segunda fermentación en depósitos de acero inoxidable o en el interior de la botella. La aparición del gas carbónico se debe a la acción de las levaduras sobre los azúcares. El CO_2 también puede obtenerse por métodos industriales, lo que reduce su calidad. Según su contenido de azúcar los vinos espumosos pueden ser brut, extrasecos, secos, semisecos y dulces.

Vinos gasificados: poseen características físicas similares a las de los vinos espumosos y pueden contener gas carbónico debido al proceso de fermentación. A veces la presión no es suficiente para obtener espuma, por lo que se les añade CO_2 a partir de métodos industriales, en otros casos es necesario añadir gas carbónico debido a su ausencia casi total.

Vino dulce cuyo azúcar residual procede de la uva: son vinos que presentan un contenido de azúcar residual igual o superior a 45 g/l, que se obtiene únicamente de la fermentación alcohólica de las uvas o de su mosto, que lo contienen de manera natural debido al proceso de maduración. La graduación alcohólica de estos vinos no puede ser inferior al 4,5 % de volumen.

Vinos de hielo: proceden únicamente de uvas frescas que han sido sometidas a crioselección en el viñedo y que se dejan sobremadurar. Las uvas que se utilizan para elaborar estos vinos deben estar heladas cuando se realiza la vendimia y cuando se realiza el prensado.

- **Vinos tranquilos y de aguja.**

Los vinos tranquilos se caracterizan por contener una escasa concentración de CO2. Se obtienen por la fermentación natural del mosto extraído de las uvas gracias a la acción de las levaduras. Durante el proceso fermentativo aparece el alcohol y una cantidad poco significativa de gas carbónico, es decir una cantidad que es prácticamente imperceptible durante el análisis sensorial.

Algunos vinos, debido a la variedad de uva o a alguno de los procesos de elaboración empleados, desprenden una pequeña cantidad de gas carbónico, que se puede apreciar al descorchar la botella. La cantidad de gas generada por estos vinos es insuficiente para generar espuma, sin embargo, a veces puede percibirse durante el análisis sensorial y confundirse con la acidez.

- **Tipos de vinos no espumosos según su contenido de azúcar residual.**

Las uvas más maduras contienen los azúcares glucosa, fructosa, arabinosa, xilosa y ribosa. La cantidad de azúcar residual que se encuentra en el vino después del proceso de fermentación, se debe a la inactividad o incapacidad de las levaduras para llevar a cabo el proceso de fermentación, lo que da lugar a vinos que pueden ser dulces, semidulces, semisecos y secos.

Dulces	Semidulces	Semisecos	Secos
Contienen como mínimo 45 g/l de azúcar residual.	La cantidad de azúcar residual puede llegar a 45 g/l.	La cantidad de azúcar residual puede llegar a 12 g/l.	La cantidad de azúcar residual máximo es de 4 g/l.

- **Tipos de vinos según su edad.**

Los vinos se clasifican teniendo en cuenta el tiempo de crianza en barricas y el de reposo en bodega «guarda». Al período de crianza en madera se le denomina fase oxidativa, debido a que durante el tiempo que el vino permanece en las barricas, se encuentra en contacto con el aire que penetra por los poros de la madera. Durante la guarda sucede el fenómeno contrario, ya que el aire no puede penetrar en el interior de las botellas encorchadas, lo que da lugar al inicio de la fase «reductora».

Vinos jóvenes tintos, blancos y rosados: son vinos que no han pasado por un proceso de envejecimiento y están listos para consumir una vez que han sido elaborados, por lo que también se les denomina vinos del año.

Tintos de crianza: vinos con un mínimo de 24 meses de envejecimiento entre la fase oxidativa y la reductora. Se trata de vinos con 6 meses de crianza oxidativa y 18 de guarda, durante los que se desarrolla la fase reductora.

Blancos y rosados de crianza: vinos con un mínimo de 18 meses de envejecimiento entre la fase oxidativa y la reductora. Se trata de vinos con 6 meses de crianza oxidativa y 12 de guarda, durante los que se desarrolla la fase reductora.

Tintos de reserva: vinos con un mínimo de 36 meses de envejecimiento entre la fase oxidativa y la reductora. Se trata de vinos con 12 meses de crianza oxidativa y 24 de guarda, durante los que se desarrolla la fase reductora.

Blancos y rosados de reserva: vinos con un mínimo de 24 meses de envejecimiento entre la fase oxidativa y la reductora. Se trata de vinos con 6 meses de crianza oxidativa y 18 de guarda, durante los que se desarrolla la fase reductora.

Tintos gran reserva: vinos con un mínimo de 60 meses de envejecimiento entre la fase oxidativa y la reductora. Se trata de vinos con 18 meses de crianza oxidativa y 42 de guarda, durante los que se desarrolla la fase reductora.

Blancos y rosados de gran reserva: vinos con un mínimo de 48 meses de envejecimiento entre la fase oxidativa y la reductora. Se trata de vinos con 6 meses de crianza oxidativa y 42 de guarda, durante los que se desarrolla la fase reductora.

Recuerda

1. Clima tierra y hombre

La cepa.

La cepa es un arbusto perteneciente al género **Vitis** y a la especie **Vitis vinífera** que posee una gran capacidad de crecimiento, pudiendo llegar a alcanzar los 30 metros.

Partes de la cepa

- Raíz.
- Tronco.
- Brazos.
- Pulgares.
- Yemas.
- Pámpanos.
- Nudos.
- Hojas.
- Zarcillos.

Los municipios agrarios se encuentran formados por un espacio cultivable denominado **«ager»** y otro no cultivable **«saltus»** en el que se integra el **«hábitat»**, espacio geográfico habitable. El tipo de suelo, el clima y la acción del hombre condicionan la cantidad y la calidad de la cosecha. La **edafología** es la ciencia que estudia las características del suelo y su relación con el reino vegetal.

La **textura** del suelo puede ser **laminar, granular o en bloque** y está condicionada por los materiales minerales superficiales, su estructura se debe a las diferentes formas de unión de los materiales que la forman. Los viñedos se desarrollan en una gran variedad de suelos compuestos por materiales con distintos niveles de resistencia a la erosión: **arcillas, arenas, caliza, granito, pizarra o materiales volcánicos**, que influyen en algunas de las características organolépticas del vino.

Elementos del clima.

Los elementos que conforman un **clima** son: **temperatura, humedad del aire, precipitaciones, presión o la existencia de vientos y su intensidad**. Los factores climatológicos que más afectan a los viñedos son la temperatura, la humedad relativa del aire, las precipitaciones y la insolación.

Una de las clasificaciones climáticas más utilizadas es la de Köppen que distingue cinco grupos principales: tropical, seco, **templado**, continental y polar. Según la **clasificación climática de Köppen** el clima lluvioso templado con verano seco, se asimila al **clima mediterráneo** que se localiza en la costa occidental de los continentes entre los 30 y los 40 grados de latitud.

Productividad de la vid.

Para que una vid sea productiva pueden llegar a pasar hasta diez años, esta etapa se caracteriza por el crecimiento del fruto (la uva), y la carga (cantidad de racimos), lo que permite la extracción de mosto en cantidad suficiente para producir vino. El período de productividad de la vid depende de muchos factores, pero como regla general se sitúa en torno a los 50 años de media, que en algunos casos puede aumentar hasta los 100.

Ciclo vegetativo

Un buen **drenaje** evita que el agua quede estancada, lo que reduciría el nivel de oxígeno limitando el crecimiento de la vid.

La aparición del **lloro** es paralela al aumento de la temperatura del suelo.

La **brotación** se produce cuando la savia es distribuida por toda la planta, lo que da lugar a la aparición de brotes verdes.

Durante la **floración** aparecen los embriones de las flores a partir de los cuales se forman los frutos, lo que provoca que la planta aumente de tamaño.

La acción antrópica.

El ser humano forma parte del medio y actúa sobre él transformándolo (acción antrópica). Algunos de los trabajos que se desarrollan en el viñedo son la **plantación** de las cepas, la **poda**, la realización de **injertos**, el desarrollo de **tratamientos foliares** y **fitosanitarios**, la **inspección** del viñedo, la **vendimia**, el **abonado** y la preparación del viñedo para el año siguiente.

Cultivo en espaldera

Cultivo en vaso

La Vitis vinifera.

La vid (Vitis vinifera) procede de Asia Menor y la región mediterránea, pertenece a las Vitaceae familia de plantas leñosas. Es un arbusto provisto de zarcillos que la planta utiliza para trepar. La vid euroasiática se divide en dos subespecies, la Vitis vinifera L. subespecie sativa, de la que se obtienen uvas de mesa, pasificación o para la elaboración del vino y la Vitis vinifera L. subespecie sylvestris.

Partes de la uva

- Pedicelo.
- Pruina.
- Pulpa.
- Pepitas.
- Hollejo.

Para poder transformar en vino el mosto que se obtiene después del prensado de las uvas, es necesaria la intervención de las levaduras sobre los azúcares. La **Saccharomyces cerevisiae** es la única levadura que puede llevar a cabo el proceso de fermentación alcohólica hasta el final, siempre y cuando no se superen los 30º C.

Los hidratos de carbono de la uva y el vino, son la **fructosa** y la **glucosa**, cuya proporción se ve reducida durante el proceso de fermentación. La actividad de las levaduras sobre los azúcares, provoca su transformación en alcohol y CO2.

Maduración de la uva.

El final del crecimiento de los pámpanos supone el paso previo a la maduración de la uva. Durante esta etapa el metabolismo de la vid se activa, movilizando los azúcares, que son distribuidos a los órganos encargados de almacenar la energía necesaria para el desarrollo de la vid y sus frutos. Durante la fase de envero el color de los hollejos de las uvas va modificándose lentamente y de forma desigual, dando como resultado racimos de las variedades tintas con tonalidades verdes, rojizas, azules, moradas y violetas.

- La vinificación
  - Vendimia.
  - Transporte.
  - Toma de muestras.
  - Selección.
  - Despalillado.
  - Estrujado.
  - Sulfitado.
  - Maceración y fermentación.
  - Descube.
  - Prensado.
  - Desfangado.
  - Fermentación maloláctica.
  - Trasiego.
  - Clarificación y filtrado.

El **cambio de color** de la uva que se produce durante la fase de **envero**, adquiere una gran importancia desde un punto de vista enológico. En los terruños situados en las zonas más cálidas, el envero puede iniciarse antes de los meses de julio y agosto. La desaparición progresiva de la pigmentación de la uva se produce en el hollejo, lo que sucede de manera paralela a la acumulación de varias sustancias relacionadas con dicho cambio: las carotenoides, las antocianinas y los flavonoles.

La elaboración del vino da lugar a la aparición de **aromas** que se encuentran asociados a la variedad de la uva, a los procesos fermentativos y a la crianza. Los aromas primarios proceden de las cepas, son aromas varietales procedentes del terruño donde se cultivan las uvas. Un **terruño** es un espacio geográfico delimitado geográficamente, que cuenta con unas características edáficas y climáticas determinadas, lo que provoca que los vinos adquieran unos rasgos distintivos e identificables. La complejidad aromática se encuentra determinada por la variedad, la calidad del suelo y el grado de madurez de la uva durante la recogida.

La **maceración** se realiza a temperatura controlada durante varios días, es un proceso de gran importancia que permite que el mosto entre en contacto con las sustancias que se encuentran dispersas en él. La fermentación de las levaduras produce **alcohol etílico** y **CO_2**. La aparición de azúcar residual depende del tiempo de acción de las levaduras que se alimentan de él, cuanto mayor sea el tiempo de actuación de estas, menor será la cantidad de **azúcar residual** en el vino.

El método champenoise

- Prensado.
- Separación del mosto.
- Sulfitado del mosto.
- Desfangado.
- Fermentación alcohólica.
- Fermentación maloláctica.
- Clarificación.
- Ensamblaje.
- Embotellado y toma de espuma.
- Maduración.
- Removido.
- Degüelle.
- Dosificación.
- Taponado de la botella.
- Sacudida o poignettage.
- Control de la limpidez o mirage.

El champagne es una variedad de vino espumoso francés para cuya elaboración se emplea el método champenoise. Su origen es la región de la Champaña-Ardenas, que desde el 1 de enero de 2016, junto con Alsacia y Lorena constituyen la región administrativa del Gran Este. Se produce únicamente con las uvas autorizadas que proceden de esta región, ningún otro vino fuera de ella puede denominarse champagne.

Son vinos espumosos en cuya elaboración predominan las uvas tintas sobre las variedades blancas. La más utilizada es la pinot noir que supone un 38 % del terreno cultivado, seguida de la meunier con un 32 % y la variedad chardonnay con un 30 %.

Pinot noir.

Es una variedad tinta con origen en la Borgoña (Francia), se cultiva en todo el mundo, sobre todo en las regiones menos cálidas. Los vinos elaborados con este tipo de uva presentan un color de baja intensidad que varía con la edad, los blancos muestran un brillo superior. En nariz se aprecian aromas frutales, florales y herbáceos. En boca son vinos agradables, frescos y bien estructurados.

Meunier.

Variedad tinta que procede de Francia donde ocupa grandes extensiones de cultivo. Con ella se obtienen vinos pálidos y brillantes con aromas afrutados y aromáticos. En boca son ligeros, con buena acidez y bajos en taninos.

Chardonnay.

Tiene su origen en la Borgoña (Francia), es una variedad blanca que se cultiva en todo el mundo. Los vinos elaborados con esta variedad presentan un color amarillo pajizo con reflejos dorados. En nariz se aprecian aromas cítricos a frutas tropicales y especiados. En boca son vinos potentes, de acidez alta y afrutados.

Ilustración 11. Champagne.

La palabra champagne es un término protegido que solo puede emplearse para los vinos espumosos franceses elaborados en la zona delimitada en el Gran Este. Los **productores sudafricanos** utilizan un nombre alternativo **«Méthode Cap Classique»**, para mencionar los vinos espumosos de calidad elaborados por el mismo sistema.

El **cava** es un vino espumoso español que se elabora con el mismo método que el champagne francés «método champenoise», sin embargo, este término solo puede utilizarse para los vinos espumosos elaborados en Francia con la Denominación de Origen Controlada (AOC) champagne, por lo que en las botellas de cava solo puede aparecer la expresión **«método tradicional»**.

La producción de vinos espumosos se realiza en toda **Italia**, pero sobre todo en las regiones de Piamonte, Véneto, Friuli-Venezia Giulia, Lombardía, Trentino-Alto Adigio y Emilia-Romaña. Los vinos espumosos italianos se elaboran generalmente con uvas de las variedades glera, moscato bianco, lambrusco, trebbiano, malvasia, pinot blanc, pinot noir, pinot gris o chardonnay.

En **Alemania** existen 13 regiones vinícolas localizadas en las riberas de los ríos Rin y sus afluentes, Mosela y Neckar. La mayor región vinícola de Alemania es Rheinhessen donde se cultivan sobre todo las variedades riesling, müller-thurgau, silvaner, pinot blanc y pinot gris. La gran mayoría de la superficie de cultivo se destina a las variedades blancas **riesling** y a la **müller-thurgau**.

Autoevaluación 1

1. Clima tierra y hombre

1. Los municipios agrarios se encuentran formados por un espacio cultivable ¿cómo se denomina dicho espacio?

a) Ager.
b) Saltus.
c) Hábitat.

2. ¿Cómo se denomina la ciencia que estudia las características del suelo y su relación con el reino vegetal?

a) Climatología.
b) Edafología.
c) Topografía.

3. ¿Qué tipos de texturas podemos encontrar en el suelo?

a) Arcillas, arenas y caliza.
b) Laminar, granular o en bloque.
c) Granito, pizarra y materiales volcánicos.

4. ¿Cuáles son los elementos que conforman el clima?

a) Temperatura, humedad del aire, precipitaciones.
b) Presión o existencia de vientos y su intensidad.
c) Todas las respuestas anteriores son correctas.

5. ¿Con qué tipo de clima se relaciona el clima lluvioso templado con verano seco, según la clasificación climática de Köppen?

a) Con el clima mediterráneo que se localiza en la costa occidental de los continentes entre los 30 y los 40 grados de latitud.
b) Con el clima mediterráneo que se localiza en la costa oriental de los continentes entre los 30 y los 40 grados de latitud.
c) Con el clima mediterráneo que se localiza en la costa oriental de los continentes entre los 50 y los 60 grados de latitud.

6. ¿Cuáles son los factores climatológicos que más afectan a los viñedos?

a) La temperatura, la humedad relativa del aire y las precipitaciones.
b) La humedad relativa del aire, las precipitaciones y la insolación.
c) La temperatura, la humedad relativa del aire, las precipitaciones y la insolación.

7. ¿Cómo se denomina el espacio no cultivable?

a) Libre de cultivo.
b) Espacio habitable.
c) Saltus.

8. ¿Por qué factor o factores está condicionada la textura del suelo?

a) Por los materiales minerales superficiales.
b) Por la capacidad para absorber agua.
c) Por el drenaje.

9. ¿En qué tipo de suelos se desarrollan los viñedos?

a) Solo pueden desarrollarse en suelos de texturas blandas.
b) Se desarrollan en una gran variedad de suelos compuestos por materiales con distintos niveles de resistencia a la erosión.
c) Solo pueden desarrollarse en suelos de texturas duras.

10. Una de las clasificaciones climáticas más utilizadas es la de Köppen ¿qué grupos principales distingue?

a) Tropical, húmedo, templado, continental y polar.
b) Tropical, seco, templado, continental y mediterráneo.
c) Tropical, seco, templado, continental y polar.

Resolución de la autoevaluación 1

1. Clima tierra y hombre

1. Los municipios agrarios se encuentran formados por un espacio cultivable ¿cómo se denomina dicho espacio?

Ager.

2. ¿Cómo se denomina la ciencia que estudia las características del suelo y su relación con el reino vegetal?

Edafología.

3. ¿Qué tipos de texturas podemos encontrar en el suelo?

Laminar, granular o en bloque.

4. ¿Cuáles son los elementos que conforman el clima?

Todas las respuestas anteriores son correctas.

5. ¿Con qué tipo de clima se relaciona el clima lluvioso templado con verano seco, según la clasificación climática de Köppen?

Con el clima mediterráneo que se localiza en la costa occidental de los continentes entre los 30 y los 40 grados de latitud.

6. ¿Cuáles son los factores climatológicos que más afectan a los viñedos?

La temperatura, la humedad relativa del aire, las precipitaciones y la insolación.

7. ¿Cómo se denomina el espacio no cultivable?

Saltus.

8. ¿Por qué factor o factores está condicionada la textura del suelo?

Por los materiales minerales superficiales.

9. ¿En qué tipo de suelos se desarrollan los viñedos?

Se desarrollan en una gran variedad de suelos compuestos por materiales con distintos niveles de resistencia a la erosión.

10. Una de las clasificaciones climáticas más utilizadas es la de Köppen ¿qué grupos principales distingue?

Tropical, seco, templado, continental y polar.

Autoevaluación 2

1. Clima tierra y hombre

1. ¿Cuántos años tienen que pasar hasta que una vid es productiva?

a) Pueden llegar a pasar hasta diez años, esta etapa se caracteriza por el crecimiento del fruto y la carga.
b) Pueden llegar a pasar hasta dos años, esta etapa se caracteriza por el crecimiento del fruto y la carga.
c) Pueden llegar a pasar hasta tres años, esta etapa se caracteriza por el crecimiento del fruto y la carga.

2. Aunque el periodo de productividad de la vid depende de muchos factores ¿cuál es el periodo medio?

a) 120 años.
b) 110 años.
c) 50 años.

3. ¿Cuándo aparece el lloro?

a) Cuando disminuye la temperatura del suelo.
b) Cuando aumenta la temperatura del suelo.
c) Cuando aumenta la temperatura ambiental.

4. ¿Cuándo se produce la brotación?

a) Cuando la savia es distribuida por toda la planta, lo que da lugar a la aparición de brotes verdes.
b) Cuando se producen las condiciones edáficas adecuadas.
c) Cuando se producen las condiciones climáticas adecuadas.

5. Durante la floración aparecen los embriones de las flores ¿qué es lo que se forma a partir de ellos?

a) La savia.
b) Los brazos.
c) Los frutos.

6. ¿Cuáles son los trabajos que deben desarrollarse en el viñedo?

a) Plantación de las cepas, la poda, la realización de injertos y el desarrollo de tratamientos foliares y fitosanitarios.
b) Las respuestas a) y c) son correctas.
c) La inspección del viñedo, la vendimia, el abonado y la preparación del viñedo para el año siguiente.

7. ¿Qué es lo que puede provocar un mal drenaje?

a) Que el agua quede estancada y el nivel de oxígeno se vea reducido.
b) Que el crecimiento de la vid se vea limitado.
c) Las dos respuestas anteriores son correctas.

8. No permite la mecanización de la vendimia.

a) El viñedo en vaso.
b) El viñedo en copa.
c) El viñedo en U.

9. Es un sistema de conducción con postes y alambres en línea.

a) En postes.
b) En espaldera.
c) En alambrada.

10. ¿Cómo se denomina la parte de la uva donde se encuentran las levaduras?

a) Pedicelo.
b) Pepitas.
c) Pruina.

Resolución de la autoevaluación 2

1. Clima tierra y hombre

1. ¿Cuántos años tienen que pasar hasta que una vid es productiva?

Pueden llegar a pasar hasta diez años, esta etapa se caracteriza por el crecimiento del fruto y la carga.

2. Aunque el periodo de productividad de la vid depende de muchos factores ¿cuál es el periodo medio?

50 años.

3. ¿Cuándo aparece el lloro?

Cuando aumenta la temperatura del suelo.

4. ¿Cuándo se produce la brotación?

Cuando la savia es distribuida por toda la planta, lo que da lugar a la aparición de brotes verdes.

5. Durante la floración aparecen los embriones de las flores ¿qué es lo que se forma a partir de ellos?

Los frutos.

6. ¿Cuáles son los trabajos que deben desarrollarse en el viñedo?

Las respuestas a) y c) son correctas.

7. ¿Qué es lo que puede provocar un mal drenaje?

Las dos respuestas anteriores son correctas.

8. No permite la mecanización de la vendimia.

El viñedo en vaso.

9. Es un sistema de conducción con postes y alambres en línea.

En espaldera.

10. ¿Cómo se denomina la parte de la uva donde se encuentran las levaduras?

Pruina.

Autoevaluación 3

1. Clima tierra y hombre

1. ¿De dónde procede la Vitis vinifera?

a) De Asia Menor y la región mediterránea.
b) De Oriente Medio.
c) De la zona mediterránea.

2. ¿Cuál es la única levadura que puede llevar a cabo el proceso de fermentación alcohólica hasta el final?

a) La levadura no Saccharomyces.
b) La Saccharomyces cerevisiae.
c) Las levaduras comerciales.

3. ¿Cuál es el paso previo a la maduración de la uva?

a) El aumento de la humedad relativa.
b) La insolación.
c) El final del crecimiento de los pámpanos.

4. ¿En qué fase se modifica lentamente el color de los hollejos de las uvas?

a) Envero.
b) Floración.
c) Maduración.

5. ¿En qué zonas puede iniciarse el envero antes de los meses de julio y agosto?

a) En las zonas más cálidas.
b) En las zonas más frías.
c) En latitudes altas.

6. ¿Qué es un terruño?

a) Es un espacio no delimitado geográficamente, que cuenta con unas características edáficas distintivas e identificables.
b) Es un espacio no delimitado geográficamente, que cuenta con unas características edáficas y climáticas heterogéneas.
c) Es un espacio geográfico delimitado geográficamente, que cuenta con unas características edáficas y climáticas determinadas, lo que provoca que los vinos adquieran unos rasgos distintivos e identificables.

7. ¿Cómo se denomina a la acción del hombre sobre el medio?

a) Distintiva.
b) Antrópica.
c) Humana.

8. ¿Cuál es la parte del fruto que sirve de unión entre cada una de las uvas y el racimo, lo que facilita la llegada de nutrientes desde la vid?

a) Pedicelo.

b) Hollejo.
c) Pulpa.

9. Escoge la respuesta correcta.

a) Las respuestas b) y c) son correctas.
b) La Vitis vinifera es un planta leñosa.
c) La Vitis vinifera es un planta trepadora.

10. ¿Cuáles son los hidratos de carbono de la uva?

a) La fructosa.
b) La glucosa.
c) La fructosa y la glucosa.

Resolución de la autoevaluación 3

1. Clima tierra y hombre

1. ¿De dónde procede la Vitis vinifera?

De Asia Menor y la región mediterránea.

2. ¿Cuál es la única levadura que puede llevar a cabo el proceso de fermentación alcohólica hasta el final?

La Saccharomyces cerevisiae.

3. ¿Cuál es el paso previo a la maduración de la uva?

El final del crecimiento de los pámpanos.

4. ¿En qué fase se modifica lentamente el color de los hollejos de las uvas?

Envero.

5. ¿En qué zonas puede iniciarse el envero antes de los meses de julio y agosto?

En las zonas más cálidas.

6. ¿Qué es un terruño?

Es un espacio geográfico delimitado geográficamente, que cuenta con unas características edáficas y climáticas determinadas, lo que provoca que los vinos adquieran unos rasgos distintivos e identificables.

7. ¿Cómo se denomina a la acción del hombre sobre el medio?

Antrópica.

8. ¿Cuál es la parte del fruto que sirve de unión entre cada una de las uvas y el racimo, lo que facilita la llegada de nutrientes desde la vid?

Pedicelo.

9. Escoge la respuesta correcta.

Las respuestas b) y c) son correctas.

10. ¿Cuáles son los hidratos de carbono de la uva?

La fructosa y la glucosa.

Autoevaluación 4

1. Clima tierra y hombre

1. ¿A qué se encuentran asociados los aromas del vino?

a) A la variedad de la uva, a los procesos fermentativos y a la crianza.
b) A las características del suelo del terruño.
c) A los efectos de la climatología sobre el terruño.

2. ¿Cuáles son algunos de los factores que determinan la complejidad aromática?

a) La variedad del fruto y el grado de madurez de la uva durante la recogida.
b) La calidad del suelo y el grado de madurez de la uva durante la recogida.
c) La variedad, la calidad del suelo y el grado de madurez de la uva durante la recogida.

3. ¿Qué es el envero?

a) Es el momento en el que las uvas cambian de color.
b) Es el momento en el que las uvas cambian de color, lo que permite conocer cuando se inicia el proceso de maduración.
c) Es el momento que permite conocer cuando se inicia el proceso de maduración.

4. La desaparición progresiva de la pigmentación de la uva se produce en el hollejo, lo que sucede de manera paralela a la acumulación de varias sustancias relacionadas con dicho cambio ¿cuáles son dichas sustancias?

a) Carotenoides, antocianinas y flavonoles.
b) Fructosa y glucosa.
c) Fructosa, glucosa y flavonoles.

5. ¿Cómo se denomina el proceso que permite que el mosto entre en contacto con las sustancias que se encuentran dispersas en él?

a) Estrujado.
b) Prensado.
c) Maceración.

6. ¿De qué depende la aparición de azúcar residual?

a) Del tiempo de acción de las levaduras que se alimentan de él. cuanto mayor sea el tiempo de actuación de estas, menor será la cantidad de azúcar residual en el vino.
b) De la calidad de la uva.
c) De la eficiencia de los procesos.

7. ¿Cuál es el resultado de la fermentación?

a) La producción de alcohol etílico y CO2.
b) La producción de alcohol etílico.
c) La producción de gas carbónico.

8. De los siguientes ¿qué vinos espumosos se elaboran por el método champenoise?

a) Los vinos sudafricanos elaborados por el «Méthode Cap Classique».
b) Además del champán los vinos espumosos cava.
c) Las dos respuestas anteriores son correctas.

9. ¿Qué expresión debe aparecer en los vinos cava elaborados por el método champenoise?

a) «Método del sombrero».
b) «Método tradicional».
c) «Método champenoise».

10. ¿Qué tipos de uvas predominan en los vinos espumosos champán?

a) Las uvas tintas.
b) Las uvas blancas.
c) Ninguna respuesta es correcta.

Resolución de la autoevaluación 4

1. Clima tierra y hombre

1. ¿A qué se encuentran asociados los aromas del vino?

A la variedad de la uva, a los procesos fermentativos y a la crianza.

2. ¿Cuáles son algunos de los factores que determinan la complejidad aromática?

La variedad, la calidad del suelo y el grado de madurez de la uva durante la recogida.

3. ¿Qué es el envero?

Es el momento en el que las uvas cambian de color, lo que permite conocer cuando se inicia el proceso de maduración.

4. La desaparición progresiva de la pigmentación de la uva se produce en el hollejo, lo que sucede de manera paralela a la acumulación de varias sustancias relacionadas con dicho cambio ¿cuáles son dichas sustancias?

Carotenoides, antocianinas y flavonoles.

5. ¿Cómo se denomina el proceso que permite que el mosto entre en contacto con las sustancias que se encuentran dispersas en él?

Maceración.

6. ¿De qué depende la aparición de azúcar residual?

Del tiempo de acción de las levaduras que se alimentan de él. cuanto mayor sea el tiempo de actuación de estas, menor será la cantidad de azúcar residual en el vino.

7. ¿Cuál es el resultado de la fermentación?

La producción de alcohol etílico y CO2.

8. De los siguientes ¿qué vinos espumosos se elaboran por el método champenoise?

Las dos respuestas anteriores son correctas.

9. ¿Qué expresión debe aparecer en los vinos cava elaborados por el método champenoise?

«Método tradicional».

10. ¿Qué tipos de uvas predominan en los vinos espumosos champán?

Las uvas tintas.

2. Legislaciones principales

2. LEGISLACIONES PRINCIPALES.

Las Denominaciones de Origen de vinos españoles (D.O), asi como las Indicaciones Geografica Protegidas (I.G.P), se encuentran reguladas a través del Reglamento (UE) 401/2010, de 7 de mayo de 2010 y a nivel nacional por la Ley 6/2015, de 12 de mayo, de Denominaciones de Origen e Indicaciones Geográficas Protegidas de ambito territorial supraautonómico. El artículo 1 de la Ley 24/2003, de 10 de julio, de la Viña y del Vino, se encuentra enmarcado dentro de la normativa europea sobre la viña y el vino en lo que se refiere a:

- Designación, presentación, promoción y publicidad.
- Regulación sobre el origen y la calidad de los vinos.
- Denominaciones y menciones que garanticen el origen y calidad de los vinos frente a usos indebidos.
- Mecanismos de protección de los productores.
- Mecanismos de protección de los consumidores.

Información alimentaria facilitada al consumidor.

«Reglamento (UE) nº 1169/2011 del Parlamento Europeo y del Consejo, de 25 de octubre de 2011 , sobre la información alimentaria facilitada al consumidor a través del etiquetado general de los productos alimenticios y del etiquetado nutricional con la finalidad de proteger la salud de los consumidores y garantizar el derecho a la información».

Organización común de mercados agrarios.

«Reglamento (UE) nº 1308/2013, del Parlamento Europeo y del Consejo, de 17 de diciembre de 2013, por el que se crea la organización común de mercados de los productos agrarios».

Reglamentación sobre productos vitivinícolas aromatizados.

«Reglamento (UE) nº 251/2014, del Parlamento Europeo y del Consejo, de 26 de febrero de 2014, sobre la definición, descripción, presentación, etiquetado y protección de las indicaciones geográficas de los productos vitivinícolas aromatizados».

2.1. El etiquetado de los vinos.

Las Denominaciones de Origen (DO), son el sistema utilizado en España para identificar a los vinos de prestigio que proceden de áreas de produccion delimitadas geográficamente y que deben cumplir para su elaboracion con la reglamentacion elaborada por el Consejo Regulador, que es el encargado de vigilar la calidad, el cumplimiento de la legislación y de garantizar el origen de los vinos elaborados en las bodegas vinculadas a una determinada Denominación de Origen.

Según la Ley 6/2015, las DOP e IGP permiten diferenciar la producción fomentando la competitividad y aumentando la percepción de valor por los consumidores. Así mismo, se configuran como una herramienta beneficiosa para el desarrollo y la sostenibilidad del espacio rural convirtiéndose en un distintivo promocional de los productos españoles en el extranjero.

Datos obligatorios etiquetas.
Las etiquetas permiten identificar el origen, la edad y la procedencia de un vino, entre otros. Algunos de los datos que proporcionan son obligatorios y se encuentran regulados legalmente, otros son opcionales para las bodegas. La información obligatoria de las etiquetas es establecida por la legislación de cada país, por lo que puede variar. En España la etiqueta debe contener:

1. Categoría del producto.
2. Grado alcohólico volumétrico.
3. Procedencia.
4. Embotellador.
5. Si los vinos son importados, el importador.
6. Si se trata de un vino con DOP, debe aparecer la expresión «Denominación de Origen Protegida».
7. Si se trata de un vino con IGP, debe aparecer la expresión «Indicación Geográfica Protegida», seguida de la indicación geográfica.
8. Volumen nominal.
9. Número de lote.
10. Identificación de alérgenos, de acuerdo con el Reglamento (UE) 1169/2011.
11. Número de Registro de Envasadores de vino.

2.2. Menciones clásicas y países.

Según la Organización Internacional del Comercio «La calidad, reputación u otras características de un producto pueden determinarse en función del lugar de donde proceden». Las indicaciones geográficas protegidas (IGP), proceden de las denominaciones «indicación de procedencia» o «Denominación de Origen», que fueron utilizadas por primera vez en el «Convenio de París para la Protección de la Propiedad Industrial», lo que permite garantizar la protección de la procedencia geográfica de los productos, del mismo modo que una marca comercial. En América Latina se vienen promocionando desde el año 1995 a través de acuerdos sobre propiedad intelectual.

Indicaciones geográficas de la Unión Europea.
En Europa existen tres tipos de indicaciones geográficas; la Denominación de Origen Protegida (DOP); la Indicación Geográfica Protegida (IGP) y las Indicaciones geográficas (IG), de bebidas espirituosas y vinos aromatizados.

Denominación de Origen Protegida (DOP).

Las uvas deben proceder obligatoriamente de la zona geográfica de producción del vino y todas las etapas para su elaboración deben realizarse en la región específica.

Indicación Geográfica Protegida (IGP).

La región aparece relacionada con el nombre del producto, esto se debe a que su calidad, fama o cualquier otra característica pueden atribuirse a su origen geográfico. El 85 % de la uva empleada debe proceder de la zona de elaboración y al menos una de las fases del proceso de producción debe desarrollarse en la región.

Indicaciones Geográficas (IG), de bebidas espirituosas y vinos aromatizados.

Protege la denominación de los vinos aromatizados con origen en un país, región o localidad. La denominación se adquiere cuando la calidad, fama o cualquier otra característica del vino es consecuencia de su origen geográfico.

En España la Ley 24/2003, de 10 de julio, de la Viña y del Vino es la encargada de regular dentro del marco normativo de la Unión Europea: el origen, la calidad, la protección de los productores y consumidores, así como el régimen sancionador por el incumplimiento de la normativa.

Indicaciones geográficas de los vinos de otros países.

En el Reino Unido, cuentan con dos indicaciones geográficas; la primera de ellas es la Denominación de Origen Protegida (DOP), considerada oficialmente como la de mayor categoría; la segunda es la Indicación Geográfica Protegida (IGP).

En EEUU no existen Denominaciones de Origen para los vinos tal y como las conocemos en Europa, sin embargo, disponen de una clasificación por áreas productoras de uvas, la American Viticultural Area (AVA). Estas áreas se distinguen por sus características geográficas, climatológicas e históricas, unos límites establecidos por la ley y un contenido mínimo del 85 % de uvas procedentes de la región AVA específica.

Desde 1973 Sudáfrica cuenta con un sistema para controlar la calidad de sus vinos de origen. El Sistema Wine of Origen (WO), garantiza que el total de la uva utilizada para la producción de un vino procede de dicha denominación. Desde el mes de abril de 1993 se incluye en el «Programa de Vinos de Origen», la definición de «unidades geográficas». En Australia la información sobre la calidad del vino se proporciona en la etiqueta, donde suele indicarse el tipo de uva empleada y la región de origen del vino.

Chile cuenta con dos indicaciones geográficas; la primera de ellas es la que se identifica con una región o localidad cuya calidad, fama o cualquier otra característica es debida a su origen geográfico; la segunda además de poseer alguna de las características anteriores, también debe tener en cuenta los factores naturales y humanos.

En Argentina existen tres categorías de indicaciones de origen IG, DOC e IP. La Identificación Geográfica (IG), es el nombre geográfico que permite identificar un vino con origen en una región, localidad o zona cuya calidad es atribuida a su origen geográfico. La Denominación de Origen Controlada (DOC), además de las características anteriores incluye factores naturales o humanos. Por último, la Indicación de Procedencia (IP), identifica un vino con origen en un área geográfica más pequeña que el territorio nacional y debe ser definida y reconocida por el Instituto Nacional de Vitivinicultura (INV).

El Grupo Mundial de Comercio del Vino (GMCV), es una organización formada por la agrupación de varios países productores de vino. Son miembros del grupo: Argentina, Australia, Canadá, Chile, Georgia, Nueva Zelanda, Sudáfrica, Uruguay y EEUU. Uno de sus principales objetivos es resolver las cuestiones surgidas con respecto a la propiedad intelectual en materia de vinos, incluyendo el tratamiento de las expresiones tradicionales.

En 1948 se creó en México la Asociación Nacional de Vinicultores (ANV). El objetivo principal de esta institución era la representación de sus asociados ante otras instituciones públicas o privadas, nacionales o internacionales.

En el año 2009 se fusionaron la Asociación Nacional de Viticultores, A.C. y el Comité Nacional Sistema Producto Uva (CNSPU), de los que surge el Consejo Mexicano Vitivinícola A.C., cuyos objetivos son el crecimiento de la industria vitivinícola y el reconocimiento internacional de la calidad de sus vinos.

Recuerda

2. Legislaciones principales

Geografía y calidad.
Según la Organización Internacional del Comercio «La calidad, reputación u otras características de un producto pueden determinarse en función del lugar de donde proceden».

Indicaciones Protegidas de la UE

- Denominación de Origen Protegida (DOP).
- Indicación Geográfica Protegida (IGP).
- Indicaciones Geográficas (IG), de bebidas espirituosas y vinos aromatizados.

En **EEUU** no existen Denominaciones de Origen para los vinos tal y como las conocemos en Europa, sin embargo, disponen de una clasificación por áreas productoras de uvas, la American Viticultural Area (AVA). Estas áreas se distinguen por sus características geográficas, climatológicas e históricas, unos límites establecidos por la ley y un contenido mínimo del 85 % de uvas procedentes de la región AVA específica.

Desde 1973 **Sudáfrica** cuenta con un sistema para controlar la calidad de sus vinos de origen. El Sistema Wine of Origen (WO), garantiza que el total de la uva utilizada para la producción de un vino procede de dicha denominación.

Chile cuenta con dos indicaciones geográficas; la primera de ellas es la que se identifica con una región o localidad cuya calidad, fama o cualquier otra característica es debida a su origen geográfico; la segunda además de poseer alguna de las características anteriores, también debe tener en cuenta los factores naturales y humanos.

En **Argentina** existen tres categorías de indicaciones de origen IG, DOC e IP. La Identificación Geográfica (IG), es el nombre geográfico que permite identificar un vino con origen en una región, localidad o zona cuya calidad es atribuida a su origen geográfico. La Denominación de Origen Controlada (DOC), además de las características anteriores incluye factores naturales o humanos. Por último, la Indicación de Procedencia (IP), identifica un vino con origen en un área geográfica más pequeña que el territorio nacional y debe ser definida y reconocida por el Instituto Nacional de Vitivinicultura (INV).

En el año 2009 se fusionaron la Asociación Nacional de Viticultores, A.C. y el Comité Nacional Sistema Producto Uva (CNSPU), de los que surge el **Consejo Mexicano Vitivinícola** A.C., cuyos objetivos son el crecimiento de la industria vitivinícola y el reconocimiento internacional de la calidad de sus vinos.

Autoevaluación

2. Legislaciones principales

1. ¿Cuál es el sistema utilizado en España para identificar a los vinos de prestigio que proceden de áreas de produccion delimitadas geográficamente y que deben cumplir para su elaboracion con la reglamentacion elaborada por el Consejo Regulador?

a) Vinos de calidad.
b) Vinos de prestigio.
c) Denominaciones de Origen (DO).

2. ¿A quién corresponde esta definición? «La calidad, reputación u otras características de un producto pueden determinarse en función del lugar de donde proceden».

a) La Unión Europea.
b) La Organización Internacional del Comercio.
c) La American Viticultural Area.

3. ¿De qué otra denominación, proceden las indicaciones geográficas protegidas (IGP)?

a) «Indicación de procedencia».
b) «Mención de origen».
c) «Lugar de procedencia».

4. ¿Dónde fueron utilizadas por primera vez las denominaciones «indicación de procedencia» o «Denominación de Origen»?

a) En el Reglamento (UE) nº 1169/2011 del Parlamento Europeo y del Consejo, de 25 de octubre de 2011 , sobre la información alimentaria facilitada al consumidor.
b) En el «Reglamento (UE) nº 1308/2013, del Parlamento Europeo y del Consejo, de 17 de diciembre de 2013, por el que se crea la organización común de mercados de los productos agrarios».
c) En el «Convenio de París para la Protección de la Propiedad Industrial».

5. ¿Cuáles son las Indicaciones geográficas de la Unión Europea?

a) Denominación de Origen Protegida, Indicación Geográfica Protegida e Indicaciones Geográficas (IG), de bebidas espirituosas y vinos aromatizados.
b) Las respuestas a) y c) son correctas.
c) DOP, IGP e IG.

6. ¿Qué es, GMCV?

a) Una organización formada por la agrupación de varios países productores de vino.
b) El Grupo Mundial de Comercio del Vino.
c) Las dos respuestas anteriores son correctas.

7. ¿Quién se ocupa del crecimiento de la industria vitivinícola y el reconocimiento internacional de la calidad de los vinos mexicanos?

a) El Consejo Mexicano Vitivinícola A.C.
b) La Asociación Nacional de Vinicultores (ANV).
c) El Comité Nacional Sistema Producto Uva (CNSPU).

8. ¿Qué país dispone de una clasificación por áreas productoras de uvas?

a) Alemania.
b) Estados Unidos.
c) Francia.

9. ¿Qué es, AVA?

a) La American Viticultural Area.
b) Áreas que se distinguen por sus características geográficas, climatológicas e históricas, unos límites establecidos por la ley y un contenido mínimo del 85 % de uvas procedentes de la región AVA específica.
c) Las dos respuestas anteriores son correctas.

10. ¿Qué sistema permite controlar la calidad de los vinos de origen en Sudáfrica?

a) Méthode Cap Classique.
b) El Sistema Wine of Origen (WO).
c) El «Programa de Vinos de Origen».

Resolución de la autoevaluación

2. Legislaciones principales

1. ¿Cuál es el sistema utilizado en España para identificar a los vinos de prestigio que proceden de áreas de produccion delimitadas geográficamente y que deben cumplir para su elaboracion con la reglamentacion elaborada por el Consejo Regulador?

Denominaciones de Origen (DO).

2. ¿A quién corresponde esta definición? «La calidad, reputación u otras características de un producto pueden determinarse en función del lugar de donde proceden».

La Organización Internacional del Comercio.

3. ¿De qué otra denominación, proceden las indicaciones geográficas protegidas (IGP)?

«Indicación de procedencia».

4. ¿Dónde fueron utilizadas por primera vez las denominaciones «indicación de procedencia» o «Denominación de Origen»?

En el «Convenio de París para la Protección de la Propiedad Industrial».

5. ¿Cuáles son las Indicaciones geográficas de la Unión Europea?

Las respuestas a) y c) son correctas.

6. ¿Qué es, GMCV?

Las dos respuestas anteriores son correctas.

7. ¿Quién se ocupa del crecimiento de la industria vitivinícola y el reconocimiento internacional de la calidad de los vinos mexicanos?

El Consejo Mexicano Vitivinícola A.C.

8. ¿Qué país dispone de una clasificación por áreas productoras de uvas?

Estados Unidos.

9. ¿Qué es, AVA?

Las dos respuestas anteriores son correctas.

10. ¿Qué sistema permite controlar la calidad de los vinos de origen en Sudáfrica?

El Sistema Wine of Origen (WO).

3. La bodega en casa

3. LA BODEGA EN CASA.

El vino debe almacenarse en la bodega a una temperatura constante, con un ambiente oscuro, sin ruidos y una buena ventilación. En las bodegas las botellas se colocan en posición horizontal para que el vino entre en contacto con el corcho y se dilate, con esto se consigue sellar la botella, lo que impide que el vino entre en contacto con el oxígeno o pueda absorber olores. El proceso de envejecimiento se produce lentamente, durante esta etapa el vino adquiere nuevas características, debido al contacto con la madera de las barricas y el oxígeno. Las condiciones de almacenamiento son determinantes para conseguir vinos de buena calidad, se debe establecer el tiempo de guarda para cada tipo de vino en función de sus características, ya que la capacidad de envejecimiento no es algo que pueda medirse.

3.1. Observación de los vinos en el envejecimiento.

Los taninos y los antocianos poseen propiedades antioxidantes, proceden de las partes sólidas de la uva y entran en contacto con el mosto durante el proceso de maceración y fermentación alcohólica. Las barricas de madera contienen elagitaninos, un tipo de tanino hidrolizable que afecta a las características finales del vino. Otro factor que determina la capacidad de envejecimiento es el volumen de alcohol, cuanto mayor sea la concentración de este, mayor será su duración. Por último un nivel de acidez elevado, contribuye a la conservación del vino durante el proceso de envejecimiento. En las fases oxidativa y reductora el vino experimenta importantes cambios que afectan a su color, aroma y sabor.

Requisitos para preservar la calidad del vino:

- La temperatura del vino en la bodega debe situarse entre los 12º C y los 16º C.
- La humedad relativa del aire debe estar entre el 65 % y el 75 %.
- La ventilación debe ser controlada para evitar la aparición de humedades.
- El modo de almacenamiento de las botellas debe ser horizontal.
- Se debe evitar su almacenamiento en lugares donde se produzcan vibraciones.
- Debe evitarse que la luz incida directamente sobre las botellas.

Existen distintas formas de almacenar el vino, todas ellas destinadas a preservar su calidad. Para lograrlo se tiene en cuenta el espacio y el presupuesto disponibles. Entre los sistemas de almacenamiento más comunes se encuentran; los botelleros modulables; los armarios para vinos o vinotecas; las cavas o bodeguillas; las cajas para su transporte y las bodegas.

Botelleros modulables: la principal ventaja de este sistema de almacenamiento es su utilidad para aprovechar el espacio al máximo. También permiten la clasificación de los vinos, lo que facilita su posterior localización. Su consistencia depende del tipo de materiales empleados para su construcción. Pueden ser de madera, metal, plástico o ladrillo.

Armarios para vinos o vinotecas: suponen un importante ahorro de espacio y son muy útiles para mantener constantes la temperatura y la humedad. Evitan las vibraciones y aíslan el vino de otros olores. Disponen de diferentes espacios en los que puede conservarse el vino a distintas temperaturas. La mayoría de ellos cuentan con cristales con filtro que evitan que las botellas se vean afectadas por las radiaciones solares.

Cavas o bodeguillas: es un sistema de almacenamiento y clasificación de los vinos muy utilizado por algunos restaurantes. Supone un importante ahorro de tiempo ya que las referencias se encuentran cerca de las zonas de servicio, por lo que los desplazamientos son más cortos. Cuentan con todos los elementos necesarios para el almacenamiento, clasificación y conservación de los vinos, pero su capacidad se encuentra condicionada por la cantidad de espacio disponible.

En sus propias cajas: es un sistema de almacenamiento y conservación económico y eficiente. Las cajas impiden que se filtre la luz solar, mantienen los vinos en una posición estable y evitan la contaminación ocasionada por otros olores.

Bodegas: es el mejor sistema de conservación y el más tradicional. Generalmente se localizan en el subsuelo y poseen sistemas de control de temperatura, humedad relativa del aíre y ventilación. Su situación en las zonas más profundas evita que los vinos se vean afectados por la radiación solar y las vibraciones.

Recuerda

3. La bodega en casa

Condiciones de almacenamiento.

El vino debe almacenarse en la bodega a una temperatura constante, con un ambiente oscuro, sin ruidos y una buena ventilación. En las bodegas las botellas se colocan en posición horizontal para que el vino entre en contacto con el corcho y se dilate, con esto se consigue sellar la botella lo que impide que el vino entre en contacto con el oxígeno o pueda absorber olores.

Preservación del vino	
	Temperatura entre 12º C y 16º C.
	Humedad relativa del aire entre el 65 % y el 75 %.
	Ventilación controlada para evitar la aparición de humedades.
	Posición de las botellas horizontal.
	Evitar el almacenamiento en lugares donde se produzcan vibraciones.
	Evitar que la luz incida directamente sobre las botellas.

Formas de almacenamiento

- Botelleros modulables.
- Armarios para vinos o vinotecas.
- Cavas o bodeguillas.
- En sus propias cajas.
- Bodegas.

Autoevaluación

3. La bodega en casa

1. ¿Cuáles son las condiciones generales de almacenamiento del vino en la bodega?

a) Temperatura variable, ambiente oscuro, sin ruidos y una buena ventilación.
b) Temperatura constante, luz directa proyectada sobre las botellas, sin ruidos y una buena ventilación.
c) Temperatura constante, ambiente oscuro, sin ruidos y una buena ventilación.

2. ¿Cuál sería la temperatura recomendable para la bodega?

a) Temperatura entre 12º C y 16º C.
b) Temperatura entre 16º C y 22º C.
c) Temperatura entre 15º C y 23º C.

3. ¿Cuál sería la humedad relativa del aíre más recomendable para la bodega?

a) Humedad relativa del aire entre el 25 % y el 90 %.
b) Humedad relativa del aire entre el 65 % y el 75 %.
c) Humedad relativa del aire entre el 15 % y el 95 %.

4. Respecto a la ventilación de la bodega ¿qué sería lo más recomendable?

a) Evitar la ventilación para preservar las características organolépticas del vino.
b) Evitar la ventilación para preservar la integridad de las botellas.
c) Ventilación controlada para evitar la aparición de humedades.

5. Escoge la respuesta correcta.

a) Evitar que la luz incida directamente sobre las botellas.
b) La luz debe incidir directamente sobre las botellas
c) Es aconsejable que la luz sea natural y se proyecte directamente sobre las botellas.

6. ¿Cómo se colocarán las botellas en la bodega?

a) Horizontalmente.
b) Verticalmente.
c) En los huecos que queden libres.

7. Son formas de almacenamiento.

a) Cualquier caja, armarios para vinos o vinotecas, cavas o bodeguillas y bodegas.
b) Cualquier caja o armario, cavas y bodegas.
c) Sus propias cajas, armarios para vinos o vinotecas, cavas o bodeguillas y bodegas.

8. En relación con la conservación del vino ¿qué factor determina considerablemente su calidad?

a) Las condiciones de almacenamiento del vino no son determinantes para conseguir vinos de buena calidad, se debe establecer el tiempo de guarda para cada tipo de vino en función de sus características, ya que la capacidad de envejecimiento de los vinos no es algo que pueda medirse.
b) Las condiciones de almacenamiento del vino son determinantes para conseguir vinos de buena calidad, se debe establecer el tiempo de guarda para cada tipo de vino en función de sus características, ya que la capacidad de envejecimiento de los vinos no es algo que pueda medirse.

c) Las condiciones de almacenamiento del vino no son determinantes para conseguir vinos de buena calidad, no se debe establecer el tiempo de guarda para cada tipo de vino en función de sus características, ya que la capacidad de envejecimiento de los vinos es algo que puede medirse.

9. ¿De dónde proceden los elagitaninos?

a) De las barricas de madera.
b) De los depósitos de fermentación.
c) De las tolvas de recepción de las uvas.

10. ¿En qué radica la importancia de los antocianos y taninos en el proceso de maduración del vino?

a) En que ayudan a redondear el vino.
b) En que poseen propiedades antioxidantes.
c) En que proporcionan color y astringencia.

Resolución de la autoevaluación

3. La bodega en casa

1. ¿Cuáles son las condiciones generales de almacenamiento del vino en la bodega?

Temperatura constante, ambiente oscuro, sin ruidos y una buena ventilación.

2. ¿Cuál sería la temperatura recomendable para la bodega?

Temperatura entre 12º C y 16º C.

3. ¿Cuál sería la humedad relativa del aíre más recomendable para la bodega?

Humedad relativa del aire entre el 65 % y el 75 %.

4. Respecto a la ventilación de la bodega ¿qué sería lo más recomendable?

Ventilación controlada para evitar la aparición de humedades.

5. Escoge la respuesta correcta.

Evitar que la luz incida directamente sobre las botellas.

6. ¿Cómo se colocarán las botellas en la bodega?

Horizontalmente.

7. Son formas de almacenamiento.

Sus propias cajas, armarios para vinos o vinotecas, cavas o bodeguillas y bodegas.

8. En relación con la conservación del vino ¿qué factor determina considerablemente su calidad?

Las condiciones de almacenamiento del vino son determinantes para conseguir vinos de buena calidad, se debe establecer el tiempo de guarda para cada tipo de vino en función de sus características, ya que la capacidad de envejecimiento de los vinos no es algo que pueda medirse.

9. ¿De dónde proceden los elagitaninos?

De las barricas de madera.

10. ¿En qué radica la importancia de los antocianos y taninos en el proceso de maduración del vino?

En que poseen propiedades antioxidantes.

4. El vino y su servicio

4. EL VINO Y SU SERVICIO.

El sumiller como máximo especialista en el servicio de vinos, tiene entre sus principales funciones el asesoramiento sobre vinos y maridajes, siguiendo las normas de protocolo.

Principales funciones y protocolo del servicio:

- Asesoramiento sobre vinos.
- Recomendaciones sobre maridajes.
- Presentación de la botella al cliente.
- Descorche de la botella.
- Evaluación olfativa del corcho para verificar el buen estado del vino.
- Colocación del corcho en un platillo para su valoración por el resto de comensales.
- Servicio de una muestra de vino en la copa de la persona anfitriona.
- Servicio del vino al resto de comensales finalizando en la persona anfitriona.
- Para el servicio de vinos blancos, rosados y espumosos se debe contar con una champanera con hielo y agua para evitar su calentamiento.

Orden de servicio de vinos:

- Se servirán los vinos secos antes que los dulces.
- Los vinos blancos se servirán antes que los tintos.
- Los vinos con temperaturas más bajas antes que los de temperaturas más elevadas.
- Los vinos con mayor volumen de alcohol se servirán siempre después de los de menor graduación alcohólica.
- Los vinos con más cuerpo se servirán siempre después de los que presenten menos cuerpo.

4.1. Los vinos y su temperatura.

Una temperatura inadecuada puede alterar las características organolépticas del vino, dificultando su análisis sensorial. Una excesivamente baja puede ocultar la presencia de aromas y sabores y una elevada hace que destaquen en exceso la acidez y el alcohol. Las temperaturas recomendadas por la Organización Internacional de la Viña y el Vino para realizar el análisis sensorial se enumeran a continuación.

Temperaturas de degustación:

- Vinos blancos y rosados entre 10 y 12° C.
- Vinos tintos entre 15 y 18° C.
- Espumosos entre 8 y 10° C.
- Vinos dulces naturales, vinos de hielo, vinos de licor y mistelas entre 10 y 14° C.

4.2. Decantar o trasvasar.

Los vinos más maduros pueden contener restos de sedimentos en el interior de la botella, que se van depositando en la parte inferior durante el período de guarda en la bodega. Para evitar que estos depósitos puedan llegar a las copas donde se sirve el vino, se utiliza una técnica denominada decantación, que consiste en realizar un trasvase desde las botellas que contienen el vino, hasta una jarra de cristal transparente denominada decantador. El trasvase del vino de un recipiente a otro se denomina trasiego y se debe realizar lentamente y con suavidad para evitar que el vino choque bruscamente con el fondo.

Para realizar la decantación hay que observar la botella al trasluz, lo que permite visualizar los sedimentos antes de que atraviesen el cuello de la botella y evitar así, que pasen al decantador. Para ello debe retirarse la cápsula del cuello de la botella con la finalidad de dejarlo totalmente al descubierto. Para el decantado puede utilizarse una vela, que debe situarse debajo del cuello de la botella, lo que va a permitir tener una mejor visión de los restos sólidos que pueda contener. Algunos vinos pueden presentar olores poco agradables que se originan durante los procesos de reducción en la crianza. La decantación, además de facilitar la limpieza del vino favorece su oxigenación y hace que los vinos se abran.

4.3. El cristal y su historia.

En la Edad Antigua las copas se fabricaban con materiales como la madera o el barro. Plinio el Viejo relata en su obra «Historia Natural», como el vidrio fue elaborado por primera vez por mercaderes en Siria a partir de un tipo de sal denominada natrón. Egipcios y fenicios fabricaban y exportaban vidrio, por lo que su uso fue difundiéndose a otros países. La conquista romana de Egipto en el 30. a.C., y su conversión en una provincia más del Imperio, facilitó el asentamiento de artesanos egipcios en Roma.

En la Edad Media un grupo de artesanos venecianos abre sus talleres en la isla de Murano, convirtiéndose así, en un importante centro difusor del conocimiento sobre la elaboración del vidrio, debido a su relación de intercambio comercial con otros países. El vidrio en esta época era un lujo solo accesible a las élites. En el siglo XVII se produce una importante transformación, caracterizada por la disminución de la producción del vidrio en beneficio del cristal, un material mucho más fácil de trabajar y económico.

En 1821 H. Ricketts & co. Glass Works Bristol, patentó un sistema de fabricación mecánico de botellas, lo que supuso una transformación radical de los métodos tradicionales de producción, mucho más lentos y menos productivos. El galón imperial es una unidad de volumen empleada por Gran Bretaña, que es equivalente a 4,5 litros. Como consecuencia de ello las botellas de vino adoptaron la medida de 75 cl., en el año 1866, debido a la equivalencia entre una caja de seis botellas y un galón imperial.

6 un. x 75 cl. = 4,5 l.

El vidrio es un material duro y translúcido, que se produce a partir de la mezcla de arena de sílice, carbonato de sodio y caliza. El cristal, sin embargo, se encuentra en la naturaleza en forma de cuarzo o cristales de roca. Su brillo se debe al plomo que forma parte de su composición. Una copa de vino de cristal de plomo, debe contener un mínimo del 24 % de este metal.

4.4. Las copas y los vinos.

Según la Norma Internacional ISO 3591-1977, la copa oficial para realizar la cata es la AFNOR. La Organización Internacional de la Viña y el Vino aceptó su uso en el año 2009 para los concursos internacionales.

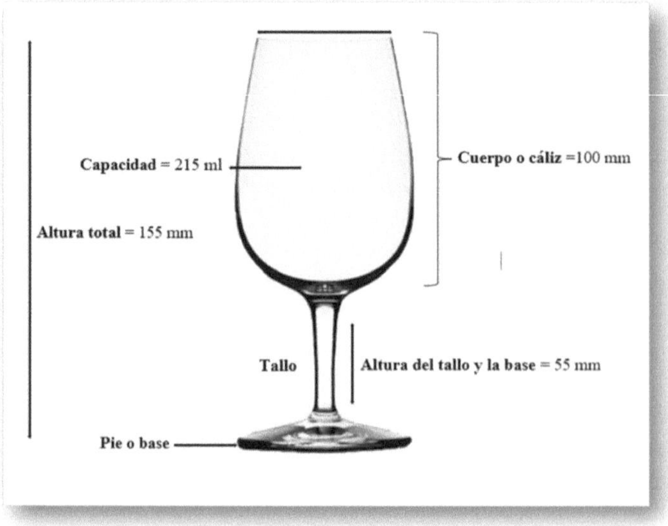

Ilustración 12. Copa Afnor.

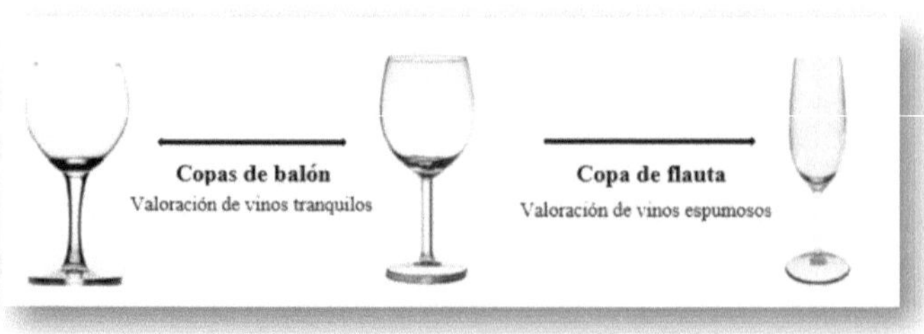

Ilustración 13. Otras copas de cata.

Recuerda

4. El vino y su servicio

Principales funciones y protocolo del servicio

- Asesoramiento sobre vinos.
- Recomendaciones sobre maridajes.
- Presentación de la botella al cliente.
- Descorche de la botella.
- Evaluación olfativa del corcho para verificar el buen estado del vino.
- Colocación del corcho en un platillo para su valoración por el resto de comensales.
- Servicio de una muestra de vino en la copa de la persona anfitriona.
- Servicio del vino al resto de comensales, finalizando en la persona anfitriona.
- Los vinos blancos, rosados y espumosos, se introducirán en una champanera con hielo y agua para evitar su calentamiento.

Autoevaluación

4. El vino y su servicio

1. Debido a sus características organolépticas, es recomendable consumir unos vinos antes que otros. A continuación se muestran varias combinaciones, debes elegir los vinos que deberían servirse en primer lugar.

PRIMER VINO	SEGUNDO VINO
Vinos tintos	Vinos con menos cuerpo
Vinos con temperaturas más bajas	Vinos con menor graduación alcohólica
Vinos con mayor volumen de alcohol	Vinos con temperaturas más elevadas
Vinos con más cuerpo	Vinos secos
Vinos dulces	Vinos blancos

2. Un factor muy importante a la hora de evaluar un vino es su temperatura. Debes relacionar cada uno de los vinos que se muestran a continuación con su temperatura de servicio.

VINOS	TEMPERATURAS
Vinos tintos	10 y 14° C
Espumosos	15 y 18° C
Vinos dulces naturales, vinos de hielo, vinos de licor y mistelas	10 y 12° C
Vinos blancos y rosados	8 y 10° C

3. Responde a las siguientes preguntas.

a) ¿Cómo se denomina la operación que consiste en realizar un trasvase desde las botellas que contienen el vino hasta una jarra de cristal transparente?
b) ¿Cómo se denomina el trasvase del vino de un recipiente a otro en el proceso de la pregunta anterior?
c) ¿Para qué sirven los dos procesos anteriores?

4. Responde a las siguientes preguntas.

a) ¿De qué materiales eran las copas en la antigüedad?
b) ¿Quiénes fueron los primeros en elaborar el vidrio según Plinio el Viejo?
c) ¿Quiénes fueron los principales difusores del vidrio a otros países?

5. Responde verdadero o falso a las siguientes afirmaciones.

AFIRMACIONES	V	F
La isla de Murano fue un importante centro difusor del conocimiento sobre la elaboración del vidrio		
El galón imperial es una unidad de volumen empleada por Gran Bretaña		
El galón imperial equivale a 3,5 l		
6 un. x 75 cl. = 4,5 l.		
El vidrio es más barato que el cristal		

Resolución de la autoevaluación

4. El vino y su servicio

1. Debido a sus características organolépticas, es recomendable consumir unos vinos antes que otros. A continuación se muestran varias combinaciones, debes elegir los vinos que deberían servirse en primer lugar.

PRIMER VINO	SEGUNDO VINO
Vinos blancos	Vinos tintos
Vinos con temperaturas más bajas	Vinos con temperaturas más elevadas
Vinos con menor graduación alcohólica	Vinos con mayor volumen de alcohol
Vinos con menos cuerpo	Vinos con más cuerpo
Vinos secos	Vinos dulces

2. Un factor muy importante a la hora de evaluar un vino es su temperatura. Debes relacionar cada uno de los vinos que se muestran a continuación con su temperatura de servicio.

VINOS	TEMPERATURAS
Vinos tintos	15 y 18° C
Espumosos	8 y 10° C
Vinos dulces naturales, vinos de hielo, vinos de licor y mistelas	10 y 14° C
Vinos blancos y rosados	10 y 12° C

3. Respuestas.

a) Decantación.
b) Trasiego.
c) La decantación, además de facilitar la limpieza del vino favorece su oxigenación y hace que los vinos se abran.

4. Respuestas.

a) Madera o barro.
b) Mercaderes en Siria.
c) Egipcios y fenicios.

5. Responde verdadero o falso a las siguientes afirmaciones.

AFIRMACIONES	V	F
La isla de Murano fue un importante centro difusor del conocimiento sobre la elaboración del vidrio	X	
El galón imperial es una unidad de volumen empleada por Gran Bretaña	X	
El galón imperial equivale a 3,5 l		X
6 un. x 75 cl. = 4,5 l.	X	
El vidrio es más barato que el cristal		X

5. Maridajes

5. MARIDAJES.

El conocimiento del vino y sus características incluye la valoración de cuál es el más adecuado para cada plato. Podemos definir el maridaje como el procedimiento destinado a establecer una conexión equilibrada, desde el punto de vista organoléptico, entre la oferta gastronómica disponible y la carta de vinos. El maridaje debe basarse en el conocimiento de las principales características del vino y de los ingredientes de cada plato para lograr así, su plena integración y el máximo nivel de armonia.

El vino es parte integrante de la vida social, la cultura y la gastronomía desde hace milenios, como así lo atestiguan gran cantidad de descubrimientos arqueológicos y la declaración como Patrimonio Inmaterial de la Humanidad de la dieta mediterránea, de la que el vino forma parte. En España el artículo 2 de la Ley 24/2003, de 10 de julio, de la Viña y del Vino, lo define como un «alimento».

5.1. Vino y gastronomía.

Según la UNESCO «la dieta mediterránea no comprende solamente la alimentación, ya que es un elemento cultural que propicia la interacción social». Esta denominación tiene su origen en un estudio realizado en 1948 por la Fundación Rockefeller y el gobierno griego que tenía como finalidad llevar a cabo un estudio basado en los hábitos de vida de los habitantes de la isla de Creta (Grecia) y su repercusión sobre su salud.

En 1953 Leland G. Allbaugh, realizó un análisis de la información extraída del estudio anterior que dio lugar a un informe denominado Crete: A Case Study of an Underdeveloped Area, este estudio puso de manifiesto que la dieta cretense se basaba sobre todo en el consumo de frutas y verduras frescas, el aceite de oliva y cantidades moderadas de productos lácteos, cárnicos y pescados.

El fisiólogo norteamericano Ancel Benjamin Keys, estaba interesado en los efectos de la dieta sobre el colesterol sanguíneo. La prensa de la época se burlaba de él denominándole «Señor Colesterol» y fue ella la que indirectamente dio publicidad a sus trabajos sobre el estilo de vida mediterráneo y la que comenzó a utilizar la denominación de «dieta mediterránea».

Keys, inició un estudio a nivel internacional en el que estaban implicados siete países "The Seven Countries Study". Entre las conclusiones del estudio se constató que cantidades moderadas de vino, incluidas en la denominada dieta mediterránea, contribuían a un mejor estado de salud cardiovascular.

El médico e investigador español Francisco Grande Covián, fue colaborador de Keys y participó en la elaboración de una ecuación que fue publicada en 1965, gracias a la cual se podían predecir los cambios del colesterol en sangre según el tipo de grasa consumida. Esta ecuación reveló los beneficios para la salud de las grasas monoinsaturadas como el aceite de oliva.

La Dieta Mediterránea engloba varios países del entorno geográfico mediterráneo: Chipre, Croacia, España, Grecia, Italia, Marruecos y Portugal. Se basa en un estilo de vida caracterizado por el consumo de alimentos naturales, saludables y autóctonos, como las frutas, verduras, legumbres, cereales, carnes rojas en pequeñas cantidades, carnes blancas, pescado, productos lácteos, huevos, aceite de oliva y cantidades moderadas de vino. Investigaciones recientes demuestran que los polifenoles que se encuentran en el vino, en especial el resveratrol, pueden ayudar a prevenir las enfermedades cardiovasculares.

5.2. Maridajes genéricos.

Las experiencias sensoriales pueden crearse a partir de diferentes combinaciones o maridajes. Para lograrlo, es necesario que ante la presencia de sabores excesivamente acentuados, se escojan los vinos más potentes y en el caso contrario los más ligeros. El maridaje de vinos blancos jóvenes con pescados y carnes blancas y el de los vinos tintos con las carnes rojas y pescados grasos, son los maridajes genéricos por excelencia. Del mismo modo, los alimentos ácidos tienen un mejor encaje con los vinos de mayor acidez.

Es aconsejable acompañar las comidas frías con vinos ligeros y frescos y las comidas especiadas con vinos fríos abocados que permitan refrescar y endulzar cada paso en boca. Para las comidas saladas se escogerán vinos con alto contenido alcohólico, ligeramente abocados, lo que permitirá destacar el sabor de los platos y el vino.

Maridajes:

Arroces: una buena combinación para la paella es el cava rosado por su capacidad para realzar los sabores y aromas del plato. El arroz a la marinera marida bien con vinos blancos jóvenes o de crianza corta, con aromas florales, frutales y bien estructurados. Para el arroz con bogavante lo más recomendable son los vinos jóvenes frescos y afrutados, con buena acidez y aromas florales y frutales. Los blancos con cuerpo, grasos y bien estructurados, son los más adecuados para acompañar a los risottos.

Pastas: los mejores vinos para acompañar los platos de pasta, son los blancos jóvenes, frescos y afrutados con aromas varietales. Cuando vaya acompañada de pescado, se optará por blancos secos de buena acidez o tintos jóvenes ligeros. Si la salsa o el acompañamiento contiene carne se elegirán vinos de crianza.

Ensaladas: el mejor maridaje para los entrantes como las ensaladas, son los vinos jóvenes, frescos, ligeros y con una acidez muy acentuada. Cuando para su elaboración se hayan utilizado carnes, huevo duro o queso fuerte, el mejor acompañamiento será un espumoso rosado ligeramente abocado. Si entre sus ingredientes se encuentran productos fermentados, se elegirá un vino blanco y seco de aromas vegetales y buena acidez. Si contiene encurtidos y pescados una buena opción serán los rosados frescos y secos.

Huevos: cuando se cocinan fritos la mejor elección son los vinos tintos jóvenes y frescos. Para los elaborados a baja temperatura, lo más recomendable son los blancos jóvenes, equilibrados y con aromas florales. Las tortillas elaboradas con fiambres y embutidos maridan bien con crianzas tintos.

Maridaje genérico de pescados: los pescados blancos, como la merluza, lenguado, dorada, lubina, mero o rape y los cocinados a la plancha, maridan bien con blancos secos y ácidos o con vinos ligeramente abocados. Los rosados son una buena opción para los estofados de pescado (zarzuelas), guisos y pescados al horno. Los pescados azules tienen un buen encaje con vinos blancos o tintos ligeros y los grasos como el salmón, bonito, atún o el bacalao, con tintos jóvenes y de maceración carbónica. Cuando se trata de frituras, lo más recomendable son los vinos del Marco de Jerez, elaborados con la variedad de uva palomino.

Maridaje genérico de carnes: la carne de ave a la plancha se integra bien con los vinos blancos secos de escasa acidez. La guisada con salsa, con blancos jovenes ligeros o medios. Para las carnes frías como el rosbif o el carpaccio, el mejor acompañamiento son los blancos secos con cuerpo, los tintos ligeros o los rosados. Los vinos blancos potentes, los tintos jóvenes ligeros y los de crianza son muy recomendables para la ternera asada. Los vinos con una acidez pronunciada y los tintos jóvenes, son el mejor acompañamiento para las carnes de cerdo. La mejor elección para las carnes rojas, son los tintos de sabor potente, de no ser así el sabor del vino se vería enmascarado por su intenso sabor.

Postres*:* los que contienen chocolates o café maridan bien con tintos con cuerpo, pero sin fruta y los dulces con vinos como el moscatel, la mistela o los vinos generosos. A la hora de maridar los postres hay que lograr mantener el equilibrio entre su dulzor y el del vino. En algunas ocasiones puede ser adecuado crear contrastes entre la frescura de los platos y la calidez gustativa de los vinos, así como buscar prolongar los sabores y aromas, que recuerdan a fruta. Para postres elaborados con limón, como mousses o sorbetes y los que incorporen frutas, frutos secos o miel el mejor maridaje son los vinos dulces y afrutados.

5.3. El vino en el aperitivo.

Como regla general, para los aperitivos los vinos más recomendables son los blancos secos, espumosos brut, generosos y tintos jóvenes. Los vinos que mejor maridan con aperitivos como los encurtidos o los frutos secos, son los generosos secos, con una buena carga de alcohol. Los entremeses tienen buen encaje con los vinos tranquilos o con espumosos blancos jóvenes de aromas frutales y vegetales.

Los quesos tiernos y grasos tienen su mejor aliado en los vinos blancos secos con cuerpo, los ligeros o los ligeramente abocados que permiten crear contrastes. Lo más recomendable para los quesos azules son los tintos ligeros, afrutados y abocados. Para los curados y muy curados la mejor elección son los tintos de crianza.

El foie gras marida bien con blancos con madera y complejos, con rosados ligeros, frescos y equilibrados de aromas florales o con vinos dulces. Los vinos blancos, rosados y los dulces ligeros y afrutados con aromas varietales vegetales, son lo más recomendable para el marisco.

Recuerda

5. Maridajes

Platos fuertes y platos ligeros.

- Las experiencias sensoriales pueden crearse a partir de diferentes combinaciones o maridajes. Para lograrlo, es necesario que ante la presencia de sabores excesivamente acentuados, se escojan los vinos más potentes y en el caso contrario los más ligeros.

Aperitivos.

- Como regla general para los aperitivos, los vinos más recomendables son los blancos secos, espumosos brut, generosos y tintos jóvenes.

Platos fríos y platos especiados.

- Es aconsejable acompañar las comidas frías con vinos ligeros y frescos y las comidas especiadas con vinos fríos abocados que permitan refrescar y endulzar cada paso en boca.

Platos salados.

- Para las comidas saladas se escogerán vinos con alto contenido alcohólico ligeramente abocados, lo que permitirá destacar el sabor de los platos y el vino.

Maridajes genéricos.

- El maridaje de vinos blancos jóvenes con pescados y carnes blancas y el de los vinos tintos con las carnes rojas y los pescados grasos son los maridajes genéricos por excelencia.

Alimentos ácidos.

- Los alimentos ácidos tienen un mejor encaje con los vinos de mayor acidez.

Postres.

- A la hora de maridar los postres hay que lograr mantener el equilibrio entre su dulzor y el del vino. En algunas ocasiones puede ser adecuado crear contrastes entre la frescura de los platos y la calidez gustativa de los vinos, así como buscar prolongar los sabores y aromas, que recuerdan a fruta.

Autoevaluación

5. Maridajes

1. ¿Cómo se denomina el procedimiento destinado a establecer una conexión equilibrada, desde el punto de vista organoléptico, entre la oferta gastronómica disponible y la carta de vinos?

a) Ensamblaje.
b) Maridaje.
c) Acoplamiento.

2. ¿Cuáles son los principales fundamentos para llevar a cabo una buena combinación plato-vino?

a) El conocimiento de las principales características del vino y de los ingredientes de cada plato para lograr así, su plena integración y el máximo nivel de armonia.
b) El conocimiento de las principales características del vino.
c) El conocimiento de los ingredientes de cada plato.

3. ¿A quién se atribuyen estas palabras? «... la dieta mediterránea no comprende solamente la alimentación, ya que es un elemento cultural que propicia la interacción social».

a) la Ley 24/2003, de 10 de julio, de la Viña y del Vino.
b) La UE.
c) La UNESCO.

4. ¿Cuáles son los maridajes genéricos por excelencia?

a) Vinos blancos jóvenes con pescados y carnes blancas.
b) Vinos tintos con las carnes rojas y los pescados grasos.
c) Las dos respuestas anteriores son correctas.

5. ¿Con qué vinos es aconsejable acompañar las comidas frías?

a) Con vinos ligeros y frescos.
b) Con vinos complejos y alcohólicos.
c) Con vinos maduros.

6. ¿Qué vinos son los más aconsejables para las comidas especiadas?

a) Vinos secos para minimizar el efecto de las especias.
b) Vinos semisecos para pronunciar y destacar el sabor.
c) Vinos fríos abocados que permitan refrescar y endulzar cada paso en boca.

7. ¿Qué vinos se escogerán para los platos salados?

a) Vinos con bajo contenido alcohólico, lo que permitirá destacar el sabor de los platos y el vino.
b) Vinos con alto contenido alcohólico ligeramente abocados, lo que permitirá destacar el sabor de los platos y el vino.
c) Vinos con bajo contenido alcohólico, lo que permitirá minimizar el sabor de los platos.

8. ¿Cuáles son los mejores vinos para acompañar los platos de pasta?

a) Los blancos jóvenes, frescos y afrutados con aromas varietales.
b) Los maduros con aromas de reducción.
c) Los blancos de reserva.

9. ¿Cuál es el mejor maridaje para los entrantes como las ensaladas?

a) Los vinos jóvenes, frescos, ligeros y con una acidez baja.
b) Los vinos secos y con cuerpo.
c) Los vinos jóvenes, frescos, ligeros y con una acidez muy acentuada.

10. ¿Qué hay que tener en cuenta a la hora de maridar postres?

a) Mantener el equilibrio entre su dulzor y el del vino.
b) Las respuestas a) y c) son correctas.
c) Crear contrastes entre la frescura de los platos y la calidez gustativa de los vinos.

Resolución de la autoevaluación

5. Maridajes

1. ¿Cómo se denomina el procedimiento destinado a establecer una conexión equilibrada, desde el punto de vista organoléptico, entre la oferta gastronómica disponible y la carta de vinos?

Maridaje.

2. ¿Cuáles son los principales fundamentos para llevar a cabo una buena combinación plato-vino?

El conocimiento de las principales características del vino y de los ingredientes de cada plato para lograr así, su plena integración y el máximo nivel de armonia.

3. ¿A quién se atribuyen estas palabras? «... la dieta mediterránea no comprende solamente la alimentación, ya que es un elemento cultural que propicia la interacción social».

La UNESCO.

4. ¿Cuáles son los maridajes genéricos por excelencia?

Las dos respuestas anteriores son correctas.

5. ¿Con qué vinos es aconsejable acompañar las comidas frías?

Con vinos ligeros y frescos.

6. ¿Qué vinos son los más aconsejables para las comidas especiadas?

Vinos fríos abocados que permitan refrescar y endulzar cada paso en boca.

7. ¿Qué vinos se escogerán para los platos salados?

Vinos con alto contenido alcohólico ligeramente abocados, lo que permitirá destacar el sabor de los platos y el vino.

8. ¿Cuáles son los mejores vinos para acompañar los platos de pasta?

Los blancos jóvenes, frescos y afrutados con aromas varietales.

9. ¿Cuál es el mejor maridaje para los entrantes como las ensaladas?

Los vinos jóvenes, frescos, ligeros y con una acidez muy acentuada.

10. ¿Qué hay que tener en cuenta a la hora de maridar postres?

Las respuestas a) y c) son correctas.

6. Los componentes del vino

6. LOS COMPONENTES DEL VINO.

El único ingrediente del vino es la uva, de la que se extrae el mosto, que una vez fermentado, se ve sometido a una serie de cambios físicos y químicos que repercuten no solo en su composición, sino en la proporción de algunas de las sustancias que lo componen. Algunas de las características de los vinos se ven modificadas como consecuencia de los distintos procesos que se llevan a cabo para su elaboración. Durante la fermentación alcohólica se produce la transformación de los azúcares en etanol y CO2 por las levaduras. La fermentación maloláctica permite modificar la acidez pasando del ácido málico al láctico. La crianza en madera provoca cambios en el vino debido al contacto con los taninos de las barricas. Tanto en la crianza oxidativa como en la reductora, el oxígeno juega un papel fundamental. En la primera por su presencia en las barricas debido a su porosidad y en la segunda por su ausencia, una vez que el vino ha sido embotellado y taponado.

6.1. Las sustancias colorantes.

Aunque el color del vino no depende directamente de las sustancias no flavonoides, su acción colorante se produce debido a la oxidación, lo que provoca la aparición de tonalidades amarillas o marrones, fenómeno que se denomina pardeamiento. Los vinos blancos sometidos a crianza se van oscureciendo como consecuencia del proceso oxidativo.

Además de la oxidación puede activarse un mecanismo conocido como copigmentación que se debe a la asociación de los antocianos con otras moléculas, lo que da lugar a un mayor número de antocianos que no se corresponde con el nivel de pH. Este mecanismo provoca una intensificación del color del vino y hace que aparezcan distintas tonalidades. Las uvas blancas y el vino blanco deben su color amarillo a sustancias flavonoides (flavonoles). El vino tinto también le debe parte de su color, pero de manera poco significativa, aunque pueden contribuir a su desarrollo participando como copigmentos, mecanismo que ya se ha comentado con anterioridad.

Los antocianos son los pigmentos que proporcionan el color rojo azulado a las uvas tintas y el rojizo de los vinos. También les otorga algunas cualidades organolépticas y les permite evolucionar durante el envejecimiento.

Las sustancias responsables del color del vino son los polifenoles (antocianos y taninos), que actúan de manera combinada. Los antocianos se encuentran únicamente en el hollejo de las uvas, con la excepción de las cepas tintoreras que también los contienen en la pulpa. Además del color, los antocianos proporcionan otras características organolépticas positivas al vino y actúan como potentes antioxidantes que participan en los procesos de evolución y envejecimiento.

La cantidad de taninos en un vino depende de varios factores; de la variedad de la uva; de si se ha realizado el despalillado; de la presión ejercida durante el prensado; del tiempo de maceración; de la temperatura y de la duración de la crianza en las barricas. Al igual que los antocianos, los taninos favorecen la evolución y el envejecimiento de los vinos.

En la fase gustativa de la cata se puede apreciar la presencia de taninos debido a que proporcionan una sensación táctil de sequedad y aspereza denominada astringencia.

Con el paso del tiempo el porcentaje de antocianos desciende, lo que da lugar a una pigmentación más clara que es debida a la oxidación. Como consecuencia de este proceso los vinos adquieren colores rojo teja. El nivel de pH provoca variaciones en el color del vino tinto e influye en su evolución.

En la fase visual del análisis sensorial se valoran el color del vino, su intensidad y su tonalidad o matiz.

6.2. Las sustancias aromáticas.

El olfato es un «sentido químico», en el que se localizan las neuronas receptoras capaces de reconocer olores y aromas cuando son estimuladas por las partículas aromáticas volátiles. Existen gran cantidad de sustancias en el vino que se ven modificadas por procesos físicos y químicos durante los procesos de elaboración del vino.

Ésteres.
Los ésteres son sustancias orgánicas que se encuentran presentes en la naturaleza. Los que poseen un bajo peso molecular son volátiles y dan lugar a aromas agradables. Su génesis se produce durante el proceso de fermentación y se debe a la unión de un ácido orgánico y un alcohol.

Alcoholes.
Aparecen durante el proceso de fermentación, debido a la acción de las levaduras que transforman los azúcares en alcohol y glicerol. Este último es un subproducto provocado por la fermentación que aporta dulzor y cuerpo al vino.

Ácidos orgánicos naturales.
Los ácidos orgánicos: málico, tartárico y cítrico, proporcionan frescor y aromas afrutados al vino. Una acidez elevada es propia de los vinos más jóvenes.

Ácidos fermentativos.
El ácido láctico da lugar a aromas lácteos que recuerdan a leche, yogur, mantequilla o queso. La presencia de ácido acético suele ser baja, pero puede generar un ligero aroma avinagrado. El ácido succínico proporciona una sensación de salinidad y amargor que podemos percibir en la fase gustativa.

Aldehídos.
Son sustancias químicas que se originan en la fase oxidativa durante la crianza en madera. La acumulación de aldehídos está asociada a la aparición de aromas terciarios.

6.3. Las sustancias dulces.

El sabor dulce se identifica en la punta de la lengua y puede manifestarse con diferentes niveles de intensidad. Su percepción dura pocos segundos debido a que la saliva lo diluye rápidamente. Si su concentración en el vino es baja, apenas se percibe. El contenido de azúcar del vino (azúcar residual), aporta sensaciones de suavidad, ligereza y volumen. Este contenido puede variar entre un gramo y más de 45 g por litro.

Las sustancias que transmiten la sensación de dulzor proceden de la uva o del alcohol. Su presencia en el vino puede deberse a la incapacidad de algunas levaduras para metabolizar los azúcares.

Las sustancias dulces son: los azúcares, los polialcoholes y los alcoholes fermentativos. Los azúcares que se encuentran en la uva son: la glucosa, fructosa, arabinosa, xilosa y ribosa. Los polialcoholes son: el sorbitol, inositol, manitol, arabitol y eritritol y por último los alcoholes fermentativos: etanol, glicerol, butilenglicol y alcohol metílico.

6.4. Las sustancias ácidas.

La acidez se percibe detrás del gusto salado y su presencia es considerada una de las virtudes en los vinos jóvenes de sabores afrutados y frescos. Cuando el nivel de acidez es bajo los vinos se vuelven planos y su ausencia puede indicar que son defectuosos. Lo mismo ocurre cuando el nivel de acidez es muy elevado, lo que puede deberse a varios factores; la falta de madurez de las uvas; insuficientes horas de insolación o el exceso de acidificación química.

Algunos ácidos se encuentran concentrados en la pulpa de la uva, otros aparecen durante la fermentación. Proporcionan frescura y participan en la estabilización del color y la conservación de los vinos, lo que les permite preservar sus características organolépticas.

El ácido tartárico.

El ácido tartárico es abundante en el vino, le proporciona frescor y realza los aromas frutales, además contribuye al equilibrio gustativo y le da estabilidad.

El ácido cítrico.

Su concentración en el vino es escasa, proporciona frescor y aromas agradables y afrutados. En los tintos desaparece prácticamente en su totalidad, debido a que es metabolizado por las bacterias responsables de la fermentación maloláctica.

El ácido láctico.

La fermentación maloláctica tiene como objetivo la transformación del ácido málico en ácido láctico, lo que provoca una ligera reducción del pH del vino y lo hace más estable microbiológicamente.

Ácido acético.

Aparece durante la fermentación alcohólica y la maloláctica, proporciona al vino un sabor agrio y amargo.

Ácido glucónico.

Se forma debido a la aparición en las uvas de la podredumbre noble, un hongo gris que proporciona dulzor al vino.

Ácido succínico.

El ácido succínico aumenta la complejidad del vino aportándole sabores ácidos, amargos y salados, que aparecen durante la fermentación alcohólica, debido a la acción de las levaduras.

6.5. Las sustancias saladas.

El sabor salado se percibe en la parte exterior de los bordes de la lengua, detrás del sabor dulce. Las sales proceden del suelo del viñedo, que contiene también otros minerales disueltos en agua que son absorbidos por las raíces, lo que provoca que aumente la complejidad de los vinos y tengan más sabor.

Durante la fermentación aparece el ácido succínico, que proporciona sabores salados, ácidos y amargos. La sensación de salinidad también puede deberse a la asociación del ácido tartárico con otras sustancias como el calcio, el potasio u otros minerales o ser debida a la cercanía de los viñedos y el mar.

6.6. Las sustancias amargas.

El sabor amargo se percibe en la parte posterior y central de la lengua, la sensación se ve reducida por la presencia de azúcares y aumenta con la presencia de alcohol. La sensación de amargor y astringencia, procede de los polifenoles. La concentración de estas sustancias es más elevada en los vinos tintos debido a que el tiempo de maceración del mosto junto con los hollejos de la uva es mayor.

Las sustancias responsables del sabor amargo y la sensación de aspereza son los fenoles que se encuentran en las pepitas y en la piel externa de la uva (hollejos). Estos restos sólidos entran en contacto con el mosto durante la maceración. Algunas maderas de roble son ricas en taninos y proporcionan al vino amargor y astringencia.

Tipos de taninos.

Los taninos condensados son polímeros (macromoléculas), compuestos por monómeros de catequinas y proantocianidinas, que pueden proceder de los sólidos de la vendimia o de la madera de las barricas durante la crianza. La máxima concentración de taninos coincide con la fase de envero, durante la que se produce un cambio en el color de la uva y da comienzo la maduración.

Los taninos hidrolizables están formados por ésteres de ácidos fenólicos, que pueden proceder de la planta o de las barricas durante el envejecimiento. Los taninos galotaninos, proceden de las agallas (protuberancias rellenas de resinas), de algunas especies vegetales como el roble. Los elagitaninos son una clase de taninos hidrolizables que se encuentran en toda su madera.

Los vinos cuya crianza se ha realizado en barricas de roble francés presentan mayores concentraciones de elagitaninos que los criados en barricas de roble americano. Un nivel de tostado alto de las duelas (tablas que componen el barril), disminuye su concentración. La cantidad de taninos hidrolizables depende del tiempo de crianza en madera, cuanto mayor sea el tiempo mayor será la carga tánica.

El umami.

El glutamato monosódico es la sal del ácido glutámico, uno de los aminoácidos no esenciales. Se utiliza en la industria alimentaria para potenciar el sabor de algunos alimentos y forma parte de algunos vegetales, carnes, pescados y mariscos. En el vino puede aparecer durante el proceso de fermentación.

El descubridor de este sabor fue **Kikunae Ikeda** profesor de química en la Universidad Imperial de Tokio, actual Universidad de Tokio. La mayoría de las personas conocen los sabores básicos, sin embargo, reconocer el quinto sabor entraña una mayor dificultad.

La palabra umami procede del idioma japonés y se refiere a las sensaciones transmitidas por algunos alimentos que provocan una mayor secreción de saliva, debido a la presencia de glutamato, un aminoácido que se encuentra en algunos alimentos de manera natural o que aparece en otros debido a la cocción o a la fermentación.

Los adjetivos que mejor pueden definir este sabor son «delicioso» o «sabroso». Según estudios recientes, todas las papilas gustativas pueden detectar el sabor umami procedente de los alimentos que lo contienen.

Recuerda

6. Los componentes del vino

El ingrediente del vino.

El único ingrediente del vino es la uva, de la que se extrae el mosto, que una vez fermentado, se ve sometido a una serie de cambios físicos y químicos que repercuten no solo en su composición, sino en la proporción de algunas de las sustancias que lo componen.

- Sustancias aromáticas
  - Ésteres.
  - Alcoholes.
  - Ácidos orgánicos naturales.
  - Ácidos fermentativos.
  - Aldehídos.

Las uvas blancas y el vino blanco deben su color amarillo a sustancias **flavonoides** (flavonoles). El vino tinto también le debe parte de su color, pero de manera poco significativa, aunque pueden contribuir a su desarrollo participando como copigmentos.

- Sustancias dulces
  - Azúcares.
  - Polialcoholes.
  - Azúcares fermentativos.

Los **antocianos** son los pigmentos que proporcionan el color rojo azulado a las uvas tintas y el rojizo de los vinos. También les otorga algunas cualidades organolépticas y les permite evolucionar durante el envejecimiento.

Sustancias ácidas

- Ácido tartárico.
- Ácido cítrico.
- Ácido láctico.
- Ácido acético.
- Ácido glucónico.
- Ácido succínico.

Durante la fermentación aparece el ácido **succínico**, que proporciona sabores salados, ácidos y amargos. La sensación de salinidad también puede deberse a la asociación del ácido tartárico con otras sustancias como el calcio, el potasio u otros minerales o ser debida a la cercanía de los viñedos y el mar.

Las sustancias responsables del sabor amargo y la sensación de aspereza son los **fenoles** que se encuentran en las pepitas y en la piel externa de la uva (hollejos). Estos restos sólidos entran en contacto con el mosto durante la maceración. Algunas maderas de roble son ricas en taninos y proporcionan al vino amargor y astringencia.

Umami.

La palabra umami procede del idioma japonés y se refiere a las sensaciones transmitidas por algunos alimentos que provocan una mayor secreción de saliva, debido a la presencia de glutamato, un aminoácido que se encuentra en algunos alimentos de manera natural o que aparece en otros debido a la cocción o a la fermentación.

Autoevaluación

6. Los componentes del vino

1. ¿A qué sustancias se debe el fenómeno conocido como pardeamiento?

a) A las sustancias no flavonoides.
b) El color del vino depende directamente de las sustancias no flavonoides.
c) A los flavonoides.

2. ¿A qué se debe el oscurecimiento de los vinos blancos durante su maduración?

a) Al envejecimiento.
b) A la fase reductora.
c) A la oxidación.

3. ¿Cómo se denominan las sustancias que proporcionan el color rojo azulado a las uvas tintas y el rojizo de los vinos?

a) Taninos.
b) Antocianos.
c) Colorantes.

4. ¿A qué sustancias deben las uvas blancas y el vino blanco su color amarillo?

a) A las sustancias flavonoides.
b) A los flavonoles.
c) Las dos respuestas anteriores son correctas.

5. Son sustancias orgánicas que se encuentran presentes en la naturaleza. Las que poseen un bajo peso molecular son volátiles y dan lugar a aromas agradables.

a) Ésteres.
b) Alcoholes.
c) Ácidos orgánicos.

6. Son sustancias químicas que se originan en la fase oxidativa durante la crianza en madera. Su acumulación está asociada a la aparición de aromas terciarios.

a) Ácidos orgánicos naturales
b) Ácidos fermentativos
c) Aldehídos

7. ¿Qué sensaciones aporta el azúcar residual del vino?

a) Aspereza y voluptuosidad.
b) Suavidad, ligereza y volumen.
c) Voluptuosidad y sensación de ardor.

8. Es abundante en el vino, le proporciona frescor y realza los aromas frutales, además contribuye al equilibrio gustativo y le da estabilidad.

a) El ácido tartárico.
b) El ácido acético.
c) El ácido glucónico.

9. ¿ Qué ácido aparece durante la fermentación y proporciona sabores salados, ácidos y amargos?

a) El ácido cítrico.
b) El ácido láctico.
c) El ácido succínico.

10. ¿Qué sustancias son responsables del amargor del vino?

a) El alcohol.
b) Los fenoles.
c) Los ácidos.

Resolución de la autoevaluación

6. Los componentes del vino

1. ¿A qué sustancias se debe el fenómeno conocido como pardeamiento?

A las sustancias no flavonoides.

2. ¿A qué se debe el oscurecimiento de los vinos blancos durante su maduración?

A la oxidación.

3. ¿Cómo se denominan las sustancias que proporcionan el color rojo azulado a las uvas tintas y el rojizo de los vinos?

Antocianos.

4. ¿A qué sustancias deben las uvas blancas y el vino blanco su color amarillo?

Las dos respuestas anteriores son correctas.

5. Son sustancias orgánicas que se encuentran presentes en la naturaleza. Las que poseen un bajo peso molecular son volátiles y dan lugar a aromas agradables.

Ésteres.

6. Son sustancias químicas que se originan en la fase oxidativa durante la crianza en madera. Su acumulación está asociada a la aparición de aromas terciarios.

Aldehídos

7. ¿Qué sensaciones aporta el azúcar residual del vino?

Suavidad, ligereza y volumen.

8. Es abundante en el vino, le proporciona frescor y realza los aromas frutales, además contribuye al equilibrio gustativo y le da estabilidad.

El ácido tartárico.

9. ¿Qué ácido aparece durante la fermentación y proporciona sabores salados, ácidos y amargos?

El ácido succínico.

10. ¿Qué sustancias son responsables del amargor del vino?

Los fenoles.

7. El equilibrio del vino

7. EL EQUILIBRIO DE LOS VINOS.

El equilibrio de los vinos depende en gran medida de que todos los aromas y sabores se encuentren perfectamente integrados y en armonia. Esto no sería posible si cada uno de los procesos que intervienen en su elaboración se realizaran de manera deficiente. Podemos definir la calidad, como el conjunto de características que determinan el valor de un objeto, producto o servicio. En el caso del vino son muchos los factores que permiten determinar su calidad: su composición, limpidez, color, intensidad, capa, brillo, matices, la existencia de distintos perfiles aromáticos, la variedad de sabores y su intensidad, el equilibrio aromático, gustativo y en definitiva, todas aquellas características organolépticas positivas, ya sean visuales, olfativas, gustativas o táctiles, que pueden ser valoradas a través de los sentidos.

7.1. El equilibrio y la interferencia entre los sabores.

El análisis sensorial gustativo se fundamenta en la percepción obtenida a través de los sabores que se encuentran presentes en el vino. Estos pueden ser básicos o adquirir cierta complejidad debido a la interacción entre los sentidos del gusto y del olfato. Algunas de las sensaciones pueden verse amplificadas como consecuencia de la presencia de otras sustancias. Este es el caso de la sensación de dulzor que aumenta ante la presencia elevada de alcohol o de sustancias gustativas saladas. De igual manera, los sabores ácidos y los amargos pueden verse neutralizados debido a la presencia del azúcar residual y en el segundo de los casos hacerlos prácticamente imperceptibles.

Los compuestos volátiles y no volátiles del vino pueden alterar la sensación de amargor haciendo que se neutralice, aumente o disminuya. Esto también puede suceder como consecuencia de la presencia de alcohol o cuando la acidez es acentuada, lo que influye en que la sensación de amargor se vea acrecentada. De lo anterior se desprende, que los sabores amargos y ácidos se complementan. Por otra parte, la sensación de acidez y astringencia puede aumentar ante la presencia de $CO2$.

7.2. Los equilibrios aromáticos.

El equilibrio de los vinos depende de su estructura, volumen, aroma y acidez. La estructura se encarga de sostener el resto de los elementos y se fundamenta básicamente en el tiempo en el que las sensaciones olfativas, gustativas y táctiles se desvanecen. Cuanto más duraderos sean sus efectos (recuerdos), mejor será la estructura del vino. Las sustancias responsables de la voluptuosidad del vino son el alcohol y el glicerol, que proporcionan la sensación de densidad (untuosidad).

Generalmente, los vinos jóvenes suelen preservar los aromas varietales procedentes del viñedo. Como consecuencia de la fermentación también adquieren aromas que proceden de los procesos químicos y de las levaduras. Los aromas de fermentación no deberían dificultar la percepción de los primeros. Los vinos aptos para el envejecimiento son sometidos a dos tipos de crianza, lo que provoca la modificación de algunas de sus características. Tanto los aromas varietales como los fermentativos pueden verse parcialmente alterados durante el proceso de envejecimiento, dando lugar a otros aromas a madera o de reducción.

Recuerda

7. El equilibrio del vino

El equilibrio del vino.

El equilibrio de los vinos depende de su estructura, volumen, aroma y acidez. La estructura se encarga de sostener el resto de los elementos y se fundamenta básicamente en el tiempo en el que las sensaciones olfativas, gustativas y táctiles se desvanecen. Cuanto más duraderos sean sus efectos (recuerdos), mejor será la estructura del vino.

- El equilibrio de los vinos
  - Limpidez, color, intensidad, capa, brillo, matices.
  - Perfiles aromáticos.
  - Variedad de sabores y su intensidad.

Podemos definir la **calidad**, como el conjunto de características que determinan el valor de un objeto, producto o servicio. En el caso del vino son muchos los factores que intervienen: su color, los aromas y las sensaciones gustativas y táctiles.

- **Aromas varietales.**

Generalmente, los vinos jóvenes suelen preservar los aromas varietales procedentes del viñedo.

- **Aromas fermentativos.**

Como consecuencia de la fermentación también adquieren aromas que proceden de los procesos químicos y de las levaduras.

- **Aromas de oxidación y reducción.**

Tanto los aromas varietales como los fermentativos pueden verse parcialmente alterados durante el proceso de envejecimiento, dando lugar a otros aromas a madera o de reducción.

Autoevaluación

7. El equilibrio del vino

1. ¿De qué depende en gran medida el equilibrio de los vinos?

a) De que todos los aromas se encuentren perfectamente integrados y en armonia.
b) De que todos los aromas y sabores se encuentren perfectamente integrados y en armonia.
c) De que todos los aromas y sabores se encuentren perfectamente integrados.

2. ¿En qué casos puede aumentar la sensación de dulzor?

a) Ante la presencia elevada de alcohol.
b) Ante la presencia de sustancias gustativas saladas.
c) Las dos respuestas anteriores son correctas.

3. Los sabores ácidos y amargos pueden verse neutralizados debido a la presencia de alguna de estas sustancias.

a) Azúcar residual.
b) Alcohol.
c) Sales.

4. Los sabores amargos y ácidos…

a) Interfieren.
b) Se complementan.
c) Se oponen.

5. Son factores que determinan el equilibrio del vino.

a) Estructura y volumen.
b) Aroma y acidez.
c) Las dos respuestas anteriores son correctas.

6. La sensación de acidez y astringencia puede aumentar ante la presencia de…

a) CO2.
b) Vinosidad.
c) Acético.

7. ¿Cuáles son las sustancias responsables de la voluptuosidad del vino?

a) Los ácidos.
b) El alcohol y el glicerol.
c) Las sustancias fenólicas.

8. Suelen preservar los aromas varietales.

a) Vinos de reserva.
b) Grandes reserva.
c) Vinos jóvenes.

9. ¿Cuál es la función de la estructura?

a) Se encarga de sostener el resto de los elementos.
b) Se fundamenta básicamente en el tiempo en el que las sensaciones olfativas, gustativas y táctiles se desvanecen.
c) Las dos respuestas anteriores son correctas.

10. Los aromas pueden verse alterados debido a…

a) Los procesos fermentativos, oxidativos y reductores.
b) Los procesos fermentativos y oxidativos.
c) Los procesos fermentativos.

Resolución de la autoevaluación

7. El equilibrio del vino

1. ¿De qué depende en gran medida el equilibrio de los vinos?

De que todos los aromas y sabores se encuentren perfectamente integrados y en armonia.

2. ¿En qué casos puede aumentar la sensación de dulzor?

Las dos respuestas anteriores son correctas.

3. Los sabores ácidos y amargos pueden verse neutralizados debido a la presencia de alguna de estas sustancias.

Azúcar residual.

4. Los sabores amargos y ácidos…

Se complementan.

5. Son factores que determinan el equilibrio del vino.

Las dos respuestas anteriores son correctas.

6. La sensación de acidez y astringencia puede aumentar ante la presencia de…

CO2.

7. ¿Cuáles son las sustancias responsables de la voluptuosidad del vino?

El alcohol y el glicerol.

8. Suelen preservar los aromas varietales.

Vinos jóvenes.

9. ¿Cuál es la función de la estructura?

Las dos respuestas anteriores son correctas.

10. Los aromas pueden verse alterados debido a…

Los procesos fermentativos, oxidativos y reductores.

8. La cata: Tipos y técnicas

8. LA CATA: TIPOS Y TÉCNICAS.

Para llevar a cabo el análisis sensorial de vinos, es necesario disponer de conocimientos, entrenamiento, registros memorísticos y experiencia basada en análisis anteriores. El objetivo de la cata es valorar la características organolépticas del vino, para lo que es necesario adquirir las actitudes y habilidades necesarias, pero también disponer del espacio y las herramientas adecuadas.

8.1. Definición de cata.

Podemos definir la cata como el conjunto de procesos destinados a valorar las propiedades y cualidades del vino, haciendo uso de los sentidos de la vista, el olfato, el gusto y el tacto. En principio pudiera parecer que se trata de un análisis subjetivo, ya que se basa en la percepción, que se encuentra muy ligada a la propia experiencia. Sin embargo, para poder llevarla a cabo es necesario contar con los conocimientos, entrenamiento, registros y experiencia necesarios.

Conocimientos: sobre la composición de la uva y el vino; métodos de elaboración; tipos de vinos; metodología del análisis sensorial y vocabulario de cata.

Entrenamiento: para realizar el análisis sensorial de vinos, es necesario poner a prueba los sentidos; saber distinguir colores y tonalidades; identificar las series aromáticas; saber dónde se encuentran los botones gustativos y distinguir las sensaciones táctiles.

Registros: los colores, aromas, sabores y las sensaciones táctiles forman parte de la memoria visual, olfativa, gustativa y táctil. Nunca podremos reconocer colores, aromas, sabores o texturas que no se encuentren almacenados en ella.

Experiencia: cuanto mayor sea el número de catas realizado, mayor será el nivel de conocimientos, entrenamiento, registros y por lo tanto de capacidad de análisis.

8.2. Objetivos de la cata.

El objetivo principal de la cata es realizar una valoración de las características organolépticas del vino. Para ello la persona que la realiza debe confiar en su propia percepción y sentidos. Cada uno de ellos se convierte en una herramienta que le va a permitir obtener la información necesaria a partir de tres fases diferenciadas: visual, olfativa y gustativa. Algunos de los factores que pueden condicionar el resultado de la cata son: el estado emocional de la persona que realiza la cata, el espacio y la planificación.

Estado emocional de la persona que realiza el análisis.

Puede afectar positiva o negativamente al resultado de la cata. La falta de concentración influye negativamente en el nivel de atención, que es necesario para percibir los detalles a veces sutiles. Puede estar provocada por el cansancio o por la adquisición de hábitos de vida poco saludables.

Espacio y planificación de la cata.

Factores ambientales, como el espacio, la ventilación o la iluminación pueden influir en la percepción de algunos de los parámetros que son objeto del análisis. La planificación se lleva a cabo a través de un conjunto de procesos, cuya finalidad queda bien definida en la expresión francesa «mise en place», que significa, puesta en marcha, cuando es traducida al castellano. Se parte de la premisa de que para llevar a cabo cualquier actividad es necesaria una preparación previa, que en el caso de la cata requiere de la creación de las condiciones ambientales adecuadas y de las herramientas necesarias para ello.

8.3. En la cata profesional.

Las salas de catas tienen como finalidad proporcionar a los profesionales que realizan el análisis sensorial, las condiciones ambientales idóneas para poder llevarlo a cabo. Para ello deben contar con el espacio, el equipamiento y las herramientas necesarias.

Requisitos de las salas de catas.

Deben contar con el espacio suficiente para poder realizar el análisis, sin que existan interferencias. La presencia de olores y ruidos dificulta la concentración. Es muy importante controlar la temperatura y la humedad relativa del aire. La primera deberá situarse en torno a los 20º C y la segunda cerca del 70 %. Dos factores ambientales que deben tenerse especialmente en cuenta, son la ventilación y la luz. La distribución de la iluminación facilita la observación del vino durante la fase visual. La más adecuada es la natural o en su defecto las lámparas de luz blanca de entre 300 y 400 lux distribuidas homogéneamente.

Equipamiento.

Las mesas de color blanco sirven como fondo para poder realizar la evaluación visual del vino. El espacio disponible influye en la organización y la disposición ordenada de las copas, así como en la comodidad de quiénes realizan la cata. Durante el análisis sensorial puede llegar a valorarse un número elevado de vinos. El uso de escupideras evita la ingestión de cantidades elevadas de alcohol.

Como norma general suelen emplearse fichas en las que se anotan y describen las sensaciones percibidas durante las distintas fases del análisis: visual, olfativo y gustativo. En algunas ocasiones y de manera opcional pueden utilizarse equipos informáticos para recopilar y analizar la información.

8.4. Los tipos de cata.

El objetivo del análisis sensorial es descubrir las cualidades o defectos que se esconden en el vino. Es una evaluación en la que no solo intervienen los conocimientos y la experiencia, sino también ciertas dosis de intuición. Dependiendo del modo en el que se desarrollen, las catas pueden ser a ciegas, verticales u horizontales.

Cata a ciegas.

En la cata a ciegas el etiquetado con el nombre del vino, la bodega o la añada, permanece oculto para evitar una evaluación condicionada. Puede realizarse de dos formas:

1. Cata a ciegas.

La botella, el etiquetado o cualquier otra información que de alguna pista sobre su contenido, deben permanecer ocultas. Esto no impide que el color del vino pueda ser analizado visualmente.

2. Cata totalmente a ciegas.

La botella, el etiquetado o cualquier otra información que de alguna pista sobre su contenido, deben permanecer ocultas, incluyendo el color del vino.

Cata vertical.

En la cata vertical se analizan distintas cosechas (añadas), de un mismo vino. Su finalidad es conocer su evolución e identificar las mejores añadas, así como sus características.

Cata horizontal.

Consiste en analizar diferentes vinos de la misma añada. Estos deben compartir algunas de las características siguientes; haber sido elaborados con la misma variedad de uva; poseer la misma denominación de origen o proceder de la misma región. El objetivo de la cata horizontal es analizar las diferencias entre las distintas formas de elaboración de los vinos y la incidencia de los microclimas sobre ellos.

Recuerda

8. La cata: Tipos y técnicas

Requisitos para realizar la cata

- Conocimientos.
- Entrenamiento.
- Registros.
- Experiencia.

Tipos de cata

- Cata a ciegas.
- Cata totalmente a ciegas.
- Cata vertical.
- Cata horizontal.

Objetivo de la cata.

El objetivo de la cata es valorar las características organolépticas del vino, para lo que es necesario adquirir las actitudes y habilidades necesarias, pero también disponer del espacio y las herramientas adecuadas.

Requisitos de la sala de catas

- Ausencia de olores y ruidos.
- Tª ambiental en torno a los 20º C.
- Humedad relativa del aire en torno al 70 %.
- Buena ventilación.
- Iluminación natural o luz blanca.

Equipamiento

- Mesas de color blanco.
- Copas de cata.
- Escupideras.
- Equipos informáticos.
- Fichas de cata.

Autoevaluación

8. La cata: Tipos y técnicas

1. Para llevar a cabo el análisis sensorial de vinos, no es necesario disponer de registros memorísticos y experiencia basada en análisis anteriores.

a) Verdadero.
b) Falso.

2. Podemos definir la cata como el conjunto de procesos destinados a valorar las propiedades y cualidades del vino, haciendo uso de los sentidos de la vista, el olfato, el gusto y el tacto.

a) Verdadero.
b) Falso.

3. El estado emocional de la persona que realiza el análisis, puede afectar positiva o negativamente al resultado de la cata.

a) Verdadero.
b) Falso.

4. La presencia de olores y ruidos en la sala de catas, no dificulta la realización del análisis sensorial.

a) Verdadero.
b) Falso.

5. Las mesas de color blanco sirven como fondo para poder realizar la evaluación visual del vino.

a) Verdadero.
b) Falso.

6. En la cata a ciegas el etiquetado con el nombre del vino, la bodega o la añada, permanece oculto para evitar una evaluación condicionada.

a) Verdadero.
b) Falso.

7. En la cata vertical se analizan distintas cosechas (añadas), de distintos vinos. Su finalidad es conocer la evolución de un vino e identificar las mejores añadas, así como sus características.

a) Verdadero.
b) Falso.

8. La cata horizontal consiste en analizar diferentes vinos de la misma añada. Estos deben compartir algunas de las características siguientes: haber sido elaborados con la misma variedad de uva; poseer la misma denominación de origen o proceder de la misma región.

a) Verdadero.
b) Falso.

9. Es muy importante controlar la temperatura y la humedad relativa del aire de la sala de catas. La primera deberá situarse en torno a los 20º C y la segunda cerca del 70 %.

a) Verdadero.
b) Falso.

10. La luz más adecuada en la sala de catas, es siempre la artificial.

a) Verdadero.
b) Falso.

Resolución de la autoevaluación

8. La cata: Tipos y técnicas

1. Para llevar a cabo el análisis sensorial de vinos, no es necesario disponer de registros memorísticos y experiencia basada en análisis anteriores.

Falso.

2. Podemos definir la cata como el conjunto de procesos destinados a valorar las propiedades y cualidades del vino, haciendo uso de los sentidos de la vista, el olfato, el gusto y el tacto.

Verdadero.

3. El estado emocional de la persona que realiza el análisis, puede afectar positiva o negativamente al resultado de la cata.

Verdadero.

4. La presencia de olores y ruidos en la sala de catas, no dificulta la realización del análisis sensorial.

Falso.

5. Las mesas de color blanco sirven como fondo para poder realizar la evaluación visual del vino.

Verdadero.

6. En la cata a ciegas el etiquetado con el nombre del vino, la bodega o la añada, permanece oculto para evitar una evaluación condicionada.

Verdadero.

7. En la cata vertical se analizan distintas cosechas (añadas), de distintos vinos. Su finalidad es conocer la evolución de un vino e identificar las mejores añadas, así como sus características.

Falso.

8. La cata horizontal consiste en analizar diferentes vinos de la misma añada. Estos deben compartir algunas de las características siguientes: haber sido elaborados con la misma variedad de uva; poseer la misma denominación de origen o proceder de la misma región.

Verdadero.

9. Es muy importante controlar la temperatura y la humedad relativa del aire de la sala de catas. La primera deberá situarse en torno a los 20° C y la segunda cerca del 70 %.

Verdadero.

10. La luz más adecuada en la sala de catas, es siempre la artificial.

Falso.

9. Fase visual

9. FASE VISUAL.

La cultura influye en la forma en la que usamos el cerebro y por lo tanto en lo que hacemos, un ejemplo de ello es el comportamiento de los consumidores durante el proceso de compra. Existe una tendencia generalizada a pensar que los vinos más caros son mejores, este pensamiento puede diluirse fácilmente en una cata a ciegas.

El Instituto Max Planck de Psicolingüística se planteaba en una investigación si existía una jerarquía que determinaba el uso de unos sentidos sobre otros. Para poder establecer conclusiones, evaluaron la importancia que tenía cada uno de ellos para los grupos de estudio seleccionados. El estudio se llevó a cabo contando el número de veces en el que aparecían palabras relacionadas con: ver, oír, tocar, saborear y oler.

En la investigación se analizaron algunos de los idiomas más hablados del mundo y otros minoritarios de una muestra tomada de trece países. Las conclusiones del estudio revelaron que el sentido más importante es la vista con un 60 % de palabras del vocabulario referidas a él. La investigación aparece publicada en el repositorio de la Sociedad Max Planck para la Promoción de la Ciencia.

Una de las conclusiones extraídas del estudio mencionado anteriormente es que, aunque todos los sentidos son necesarios, se le concede una mayor importancia al de la vista, posiblemente porque es el que más utilizamos. El sentido de la vista nos proporciona una gran cantidad de información, nos permite percibir la forma que tienen las cosas, su tamaño o su color. En el análisis sensorial se convierte en una herramienta de evaluación para valorar el color del vino, su transparencia, brillo o fluidez. Para ello debemos observar el vino con la copa en dos posiciones a copa levantada y a copa tumbada.

9.1. Color intensidad, matiz, capa y estado.

Colocando la copa a contraluz se obtiene información sobre el color y la limpieza (limpidez) de los vinos. La fermentación puede volverlos turbios, este es un proceso natural y normal de su desarrollo, sin embargo, un enturbiamiento de otra naturaleza es valorado negativamente. Cuando se trata de vinos tranquilos la presencia de gas carbónico puede considerarse un defecto, la viscosidad del líquido está asociada a la presencia de alcohol.

Ilustración 14. Valoración de la limpidez del vino.

- **La intensidad de color.**

La intensidad de color puede ser debida al aporte de fenoles durante la maceración o la crianza en barricas de roble. Aunque puede suceder que algunos vinos de muy buena calidad tengan una intensidad de color media o baja debido a la variedad de uva o a un contenido bajo de sustancias colorantes.

Ilustración 15. Valoración de la intensidad.

La capa de los vinos tintos depende de la variedad de uva, del proceso de vinificación y de la carga de antocianos. Si un vino es límpido y transparente, al realizar el análisis visual podrá verse con facilidad a través de él, si está ligeramente cubierto, se hará con cierta dificultad y si está totalmente cubierto será imposible ver nada a través de él.

Capa baja.
Los vinos con capa baja son límpidos y transparentes, lo que permite que la luz pueda pasar fácilmente a través de ellos.

Capa media.
Cuando un vino tiene capa media nos referimos a vinos ligeramente cubiertos. Son translúcidos por lo que la luz puede atravesarlos con cierta dificultad.

Capa alta.
Los vinos con capa alta son opacos, su color es tan intenso que no puede verse nada a través de ellos.

A modo de ejemplo, puede realizarse esta prueba para practicar, debe colocarse la copa de vino tinto, ligeramente inclinada sobre una superficie totalmente blanca, en una zona bien iluminada. Al realizar esta operación será fácil distinguir el tipo de capa que posee. Esta operación debe realizarse con vinos de diferentes variedades y edades para poder así, apreciar las diferencias.

Caso 1. Capa baja.

Si puedes ver con claridad a través del vino tienes en tus manos un vino con capa baja.

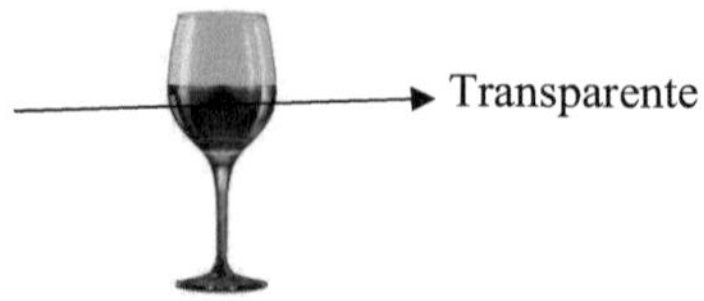

Ilustración 16. Capa baja.

Caso 2. Capa media.

Si ves la superficie blanca con cierta dificultad y borrosa, tienes en tus manos un vino con capa media.

Ilustración 17. Capa media.

Caso 3. Capa alta.

Si el vino tiene tanto cuerpo y color que te impide ver nada a través de él, tienes en tus manos un vino con capa alta.

Ilustración 18. Capa alta.

- **El color del vino.**

Ilustración 19. El color del vino.

9.2. Limpidez, transparencia y brillo.

Si miramos a través del vino podemos valorar su limpidez, transparencia y brillo. Un vino límpido y transparente no debe presentar ningún resto sólido en suspensión.

- **Brillo.**

Depende de la ausencia de sedimentos y de la capacidad del vino para reflejar la luz. Es una cualidad muy bien valorada en los vinos blancos, los espumosos y los rosados. Los vinos blancos jóvenes son de color amarillo pajizo brillante, con el paso del tiempo, pierden brillo y evolucionan hacia el dorado o ámbar los más viejos.

Los rosados evolucionan muy rápidamente debido a que la carga fenólica es baja, lo que provoca que se oxiden rápidamente y aparezcan tonalidades amarillas. Los de mayor calidad son limpios y brillantes. El vino tinto pierde brillo con el paso de los años, los jóvenes son más brillantes que los de crianza y estos a su vez más que los de reserva y gran reserva.

- **Observación del menisco o ribete.**

En la imagen inferior podemos ver una copa ligeramente inclinada, lo que provoca el desplazamiento del vino en dirección a la boca. El «**menisco**» o «**ribete**» es la parte del líquido que debido al ángulo de inclinación queda más cerca del borde.

Vinos jóvenes: ribetes violáceos y morados.

Vinos tintos maduros: ribetes rojo teja.

Vinos blancos maduros: ribetes ambarinos.

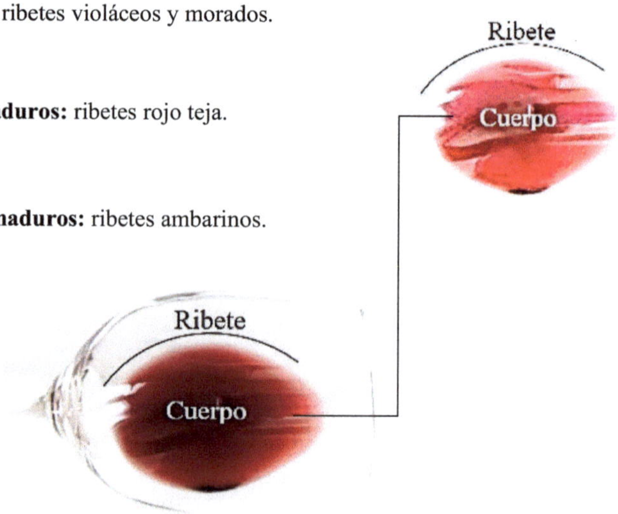

Ilustración 20. Tonalidad del ribete.

Podemos observar la transparencia del vino situando la copa sobre una superficie blanca: mesa, mantel, servilleta o pañuelo, bien iluminados, lo que nos proporciona información sobre la **evolución** del vino y su grado de madurez.

Tonalidad de los tintos: la tonalidad del color del vino en el ribete, nos proporciona información sobre su edad. En los vinos de reserva y gran reserva se va produciendo una disminución gradual de antocianos y por lo tanto del color debido a la oxidación, lo que da lugar a la aparición de colores anaranjados.

Tonalidad de los blancos: los blancos jóvenes tienen tonalidades que van del amarillo pajizo al dorado, los blancos maduros adquieren tonalidades ambarinas apagadas y sin brillo.

Tonalidad de los rosados: la oxidación actúa rápidamente en los rosados debido a la baja concentración de antioxidantes, por lo que pueden aparecer tonalidades de color amarillo.

9.3. La fluidez.

La fluidez depende de la densidad del vino y es una consecuencia de la presencia de alcohol, glicerol y taninos. El glicerol presenta un aspecto más o menos denso (viscosidad), que forma una especie de lágrimas transparentes en las paredes de la copa que se deslizan hacia el fondo debido a la gravedad.

Vinos fluidos con baja graduación alcohólica.
Cuando el glicerol de las paredes de la copa es fino y desciende con rapidez.

Vinos densos con mayor graduación alcohólica.
Cuando las lágrimas son gruesas y descienden lentamente por las paredes de la copa.

Ilustración 21. Glicerol.

Se puede valorar la fluidez del vino, realizando movimientos circulares con la copa en el aire o apoyada sobre una superficie plana. De esta forma el vino entra en contacto con las paredes de la copa, permitiendo que el glicerol se adhiera a ellas. Las gotas que resbalan verticalmente sobre el cristal se denominan **«lagrimas»** o **«piernas»**. Los vinos jóvenes presentan gotas de glicerol muy dispersas.

- **El análisis visual de los vinos espumosos.**

A la hora de valorar los vinos espumosos, además del color, limpidez y brillo, hay que fijarse en su efervescencia, que se debe a la presencia de gas carbónico. La copa recomendada para realizar el análisis sensorial es la de tipo **«flauta»**.

> Aunque tiene detractores, hay que tener en cuenta que las características de los espumosos, sobre todo las relacionadas con la **fase visual,** recomiendan el uso de la copa de **tipo flauta**, por ejemplo a la hora de valorar la calidad y consistencia de las burbujas.

El gas carbónico: durante el proceso de fermentación alcohólica las levaduras transforman los azúcares de la uva en alcohol y aparece gas carbónico. Los vinos espumosos aumentan su proporción debido al desarrollo de una segunda fermentación en botella o en depósitos de acero inoxidable.

Las burbujas: el gas carbónico proporciona efervescencia a los vinos espumosos y se transforma en burbujas cuando se sirve en la copa. El aumento de tamaño de estas burbujas hace que asciendan hacia la superficie, donde se forma una capa de espuma que se va desvaneciendo hasta formar una corona alrededor de la pared de la copa y pequeñas formaciones de burbujas dispersas.

Ilustración 22. Valoración visual de espumosos.

El rosario: está formado por una columna de burbujas que se desplazan desde la parte inferior de la copa hacia la superficie, donde entran en contacto con el aire. El rosario se forma por un flujo continuo de burbujas que podemos percibir fácilmente, si este flujo es constante y crea un fino hilo entre el fondo de la copa y la superficie es un indicador de buena calidad.

La espuma: se produce como consecuencia del desprendimiento de gas carbónico. Cuando la espuma es poco densa presenta un aspecto jabonoso, con burbujas grandes y poco consistentes, si es densa tiene un aspecto cremoso con burbujas pequeñas y consistentes.

La corona: su formación depende de la cantidad de burbujas que llegan a la superficie de la copa y de su consistencia, las que sobreviven forman una superficie circular alrededor de las paredes de la copa.

Encajes: son formaciones de burbujas separadas entre sí, que se encuentran dispersas en la superficie de la copa, dentro del círculo formado por la corona.

Las **burbujas** proporcionan efervescencia y frescura a los vinos espumosos. Su calidad dependerá de su tamaño, del tiempo que tarden en ascender hacia la superficie de la copa y del que permanezcan en el vino antes de desintegrarse **«persistencia»**.

Tamaño de las burbujas: las burbujas de mayor calidad son de pequeño tamaño, finas y bien estructuradas.

Cantidad de burbujas: existe un hilo fino de burbujas que se desplaza desde la base hacia la superficie en forma de rosario. Las que presentan un tamaño inferior y ascienden a menor velocidad son las de mayor calidad.

Velocidad del flujo: cuando el ascenso de las burbujas es lento y continuo, las burbujas son finas, bien estructuradas y persistentes.

Burbujas de baja calidad: son burbujas grandes y mal estructuradas con una velocidad de flujo muy rápida. Se desintegran en poco tiempo al llegar a la superficie de la copa.

Debemos valorar el espacio que ocupa la **espuma**: volumen, densidad y persistencia. Una buena espuma deja huella en las paredes de la copa, cuanto mayor sea la cantidad de esta, mayor será su calidad.

Espuma de buena calidad: la espuma es densa, tiene volumen, es persistente y deja huellas en las paredes de la copa.

Espuma de baja calidad: la espuma tiene poca densidad y volumen, es poco persistente y no deja huellas en las paredes de la copa.

Recuerda

9. Fase visual

El análisis sensorial se convierte en una herramienta de evaluación que permite valorar el color del vino, su transparencia, brillo o fluidez. Para ello debemos observar el vino con la copa en dos posiciones a copa levantada y a copa tumbada.

Ilustración 23. Valoración visual.

Colocando la copa a contraluz se obtiene información sobre el color y la limpieza (limpidez) de los vinos. La fermentación puede volverlos turbios, este es un proceso natural y normal de su desarrollo, sin embargo, un enturbiamiento de otra naturaleza es valorado negativamente. Cuando se trata de vinos tranquilos la presencia de gas carbónico puede considerarse un defecto, la viscosidad del líquido está asociada a la presencia de alcohol.

Ilustración 24. Transparencia.

La intensidad de color puede ser debida al aporte de fenoles durante la maceración o a la crianza en barricas de roble. Aunque puede suceder que algunos vinos de muy buena calidad tengan una intensidad de color media o baja debido a la variedad de uva o a un contenido bajo de sustancias colorantes.

El brillo depende de la ausencia de sedimentos y de la capacidad del vino para reflejar la luz. El vino tinto pierde brillo con el paso de los años, los jóvenes son más brillantes que los de crianza y estos a su vez más que los de reserva y gran reserva.

El menisco.

El **«menisco»** o **«ribete»** es la parte del líquido que debido al ángulo de inclinación queda más cerca del borde. Podemos observar la transparencia del vino situando la copa sobre una superficie blanca: mesa, mantel, servilleta o pañuelo, bien iluminados, lo que nos proporciona información sobre la **evolución** del vino y su grado de madurez.

La tonalidad del color del vino en el ribete nos proporciona información sobre su edad. En los vinos de reserva y gran reserva se va produciendo una disminución gradual de antocianos y por lo tanto del color debido a la oxidación, lo que da lugar a la aparición de colores anaranjados.

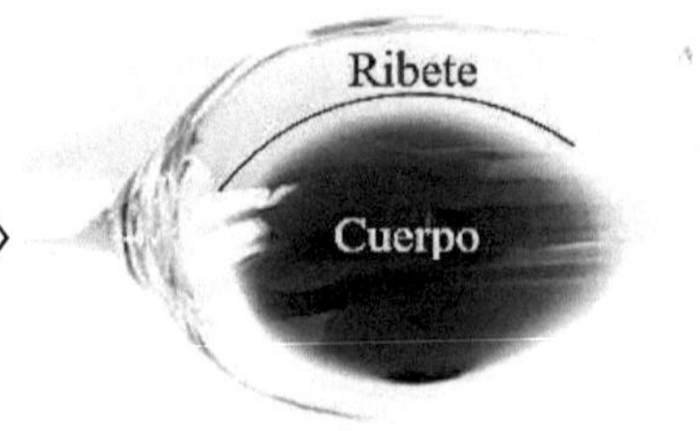

La fluidez depende de la densidad del vino y es una consecuencia de la presencia de alcohol, glicerol y taninos. El glicerol presenta un aspecto más o menos denso (viscosidad), que forma una especie de lágrimas transparentes en las paredes de la copa que se deslizan hacia el fondo debido a la gravedad.

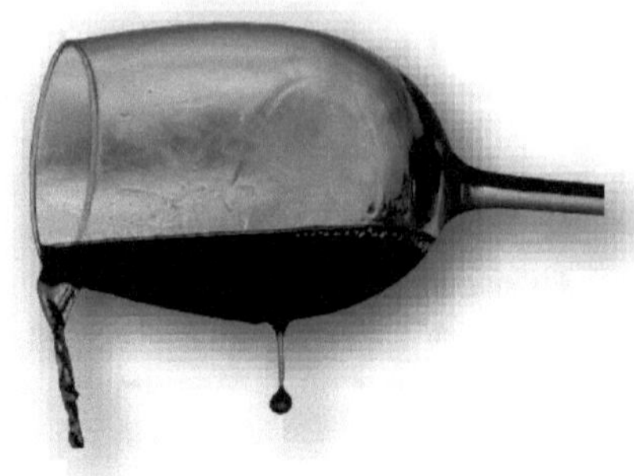

Evaluación visual de espumosos

- Burbújas.
- Rosario.
- Espuma.
- Corona.
- Encajes.

El gas carbónico proporciona efervescencia a los vinos espumosos y se transforma en burbujas cuando se sirve en la copa. El aumento de tamaño de estas burbujas, hace que asciendan hacia la superficie, donde se forma una capa de espuma que se va desvaneciendo hasta formar una corona alrededor de la pared de la copa y pequeñas formaciones de burbujas dispersas.

Autoevaluación

9. Fase visual

Durante la fase de análisis visual, son muchos los aspectos que deben tenerse en cuenta para valorar las características positivas o negativas de un vino. La capacidad de observación y análisis es determinante para poder extraer conclusiones objetivas. A continuación se exponen 10 preguntas abiertas que debes responder teniendo en cuenta los conocimientos adquiridos en el tema 9. La extensión de las respuestas debe ser corta para responder con la mayor precisión posible a lo que se pregunta.

---

1. ¿Qué información podemos obtener poniendo la copa a contraluz?

2. ¿A qué puede deberse la intensidad del color del vino?

3. ¿De qué depende la capa de los vinos tintos? ¿cuántos tipos de capas existen y cuáles son?

4. ¿De qué depende el brillo del vino?

5. ¿Qué ocurre con el brillo de los vinos debido al paso del tiempo?

6. ¿Qué es el menisco o ribete?

7. ¿Cuál es generalmente la tonalidad del ribete en los vinos tintos jóvenes?

8. ¿Cuál es generalmente la tonalidad del ribete en los vinos tintos maduros y en los blancos maduros?

9. ¿Qué nos indica el vino cuando el glicerol de las paredes de la copa es fino y desciende con rapidez? ¿… y cuando las lágrimas son gruesas y descienden lentamente por las paredes de la copa?

10. En los vinos espumosos, debido a la existencia de CO2 aparecen burbujas que según su calidad y consistencia pueden dar lugar a determinadas características visuales que no aparecen en otros vinos ¿cuáles son dichas características?

Resolución de la autoevaluación

9. Fase visual

1. ¿Qué información podemos obtener poniendo la copa a contraluz?

Se obtiene información sobre el color y la limpieza (limpidez) de los vinos.

2. ¿A qué puede deberse la intensidad del color del vino?

Puede ser debida al aporte de fenoles durante la maceración o la crianza en barricas de roble. Aunque puede suceder que algunos vinos de muy buena calidad tengan una intensidad de color media o baja debido a la variedad de uva o a un contenido bajo de sustancias colorantes.

3. ¿De qué depende la capa de los vinos tintos? ¿cuántos tipos de capas existen y cuáles son?

Depende de la variedad de uva, del proceso de vinificación y de la carga de antocianos. Existen tres tipos de capas: baja, media y alta.

4. ¿De qué depende el brillo del vino?

De la ausencia de sedimentos y de la capacidad del vino para reflejar la luz.

5. ¿Qué ocurre con el brillo de los vinos debido al paso del tiempo?

Pierden brillo progresivamente.

6. ¿Qué es el menisco o ribete?

Es la parte del líquido que debido al ángulo de inclinación queda más cerca del borde cuando inclinamos la copa durante la fase del análisis visual.

7. ¿Cuál es generalmente la tonalidad del ribete en los vinos tintos jóvenes?

Violáceo y morado.

8. ¿Cuál es generalmente la tonalidad del ribete en los vinos tintos maduros y en los blancos maduros?

Rojo teja en el primer caso y ambarino en el segundo.

9. ¿Qué nos indica el vino cuando el glicerol de las paredes de la copa es fino y desciende con rapidez? ¿… y cuando las lágrimas son gruesas y descienden lentamente por las paredes de la copa?

Que el vino es fluido y con baja graduación alcohólica en el primer caso y denso con mayor graduación alcohólica, en el segundo.

10. En los vinos espumosos, debido a la existencia de CO2 aparecen burbujas que según su calidad y consistencia pueden dar lugar a determinadas características visuales que no aparecen en otros vinos ¿cuáles son dichas características?

La aparición del rosario, la espuma, la corona y los encajes.

10. Fase olfativa

10. FASE OLFATIVA.

Paul Cézanne, el famoso pintor francés postimpresionista decía que «un arte que no se basa en el sentimiento no es arte». A la hora de realizar el análisis sensorial del vino debemos interpretar los estímulos que percibimos a través de nuestros sentidos. En este proceso de interpretación intervienen nuestros conocimientos y experiencia, pero también nuestras emociones. Un vino que no despierta emociones, es un mal vino.

En el año 2004 los investigadores Richard Axel y Linda B. Buck (EEUU), recibieron el premio Nobel de Medicina y Fisiología por sus investigaciones sobre el sentido del olfato, centrados en el reconocimiento (identificación) y recuerdo de 10.000 olores distintos.

Ilustración 25. Alfred Nobel, creador de los premios Nobel.

Cuando evocamos algún recuerdo del pasado, de repente desaparece de la ecuación el tiempo y el espacio, basta con que el cerebro reciba un estímulo a través de los sensores químicos del olfato, para que comencemos a rememorar experiencias a través de una compleja red neuronal alojada en el lóbulo temporal medial, esto sucede en cuestión de segundos y con bastante frecuencia, por ejemplo, cuando nos vienen a la memoria olores que nos recuerdan a personas o a situaciones vividas en el pasado.

10.1. La fisiología.

Las sustancias aromáticas volátiles que se desprenden del vino nos proporcionan información sobre la variedad, procesos de elaboración y edad del vino. Según una investigación realizada por el Consejo Superior de Investigaciones Científicas (CSIC), publicada en la revista Nature Communications, el desarrollo del sentido del olfato habría facilitado el desarrollo de procesos cognitivos como la percepción o la intuición.

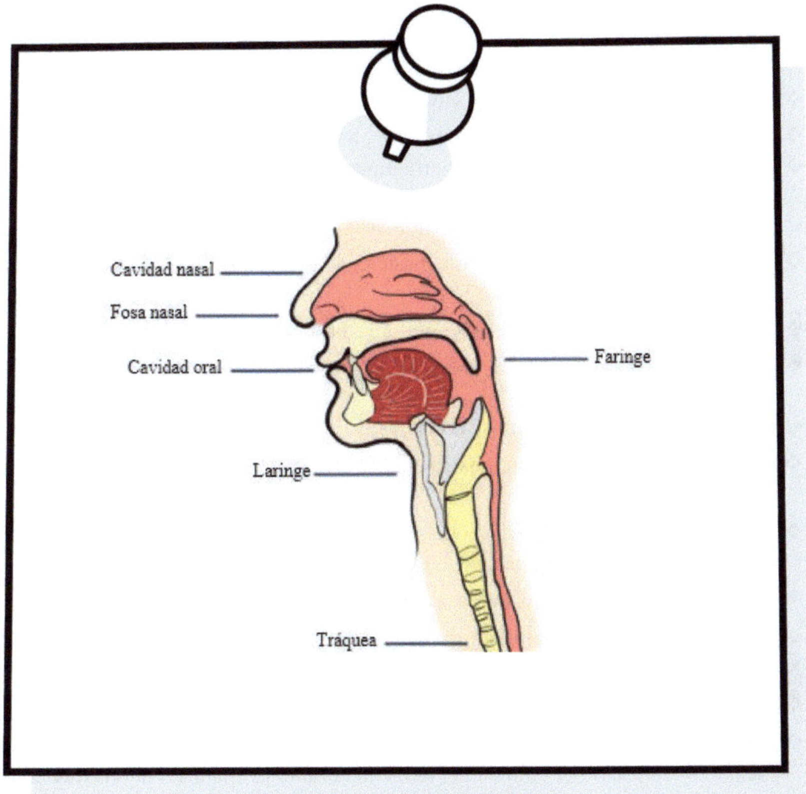

Ilustración 26. Fisiología del olfato.

La percepción es un proceso cognitivo que nos permite obtener información del entorno, gracias a los estímulos recibidos a través de nuestros órganos sensoriales. Podemos percibir las cosas sin que sea necesario que intervenga la razón. Según el doctor Gerd Gigerenzer, director del Instituto Max Planck para el Desarrollo Humano, la intuición nos permite entender instintivamente cual es la información que no es importante para poder descartarla.

Las sustancias aromáticas volátiles se desprenden como consecuencia del intercambio de temperatura entre el vino y el interior de la boca. Estos aromas se perciben a través de las vías nasal y retronasal, lo que es debido a que sus receptores (quimiorreceptores), son estimulados por las sustancias químicas volátiles.

10.2. Aroma.

Podemos identificar los aromas del vino de dos formas, por vía nasal a copa parada y por la misma vía a copa movida. En el primer caso, podemos apreciar los aromas más destacados, en el segundo, logramos que se desprendan los aromas que permanecen ocultos.

- **Identificación de los aromas primarios:**
- **Aromas frutales:** manzana, pera, ciruela, melocotón, albaricoque, frutos rojos, frutos negros, etc.
- **Aromas florales:** rosa, jazmín, violeta, flor de azahar, lirio, clavel, lila, etc.
- **Aromas vegetales:** pimiento, hierba seca, hierba cortada, heno, etc.
- **Aromas minerales:** brea, yodo, tierra mojada, granito, punta de lápiz, etc.

- **Identificación de los aromas secundarios:**
- **Aromas fermentativos:** bollería, pastelería, bizcocho, miga de pan, brioche, galletas, etc.
- **Aromas lácticos:** leche, queso, yogur, levadura, mantequilla, etc.
- **Aromas amílicos:** esmalte de uñas, plátano, caramelo ácido, barniz, etc.

- **Identificación de los aromas terciarios:**
- **Aromas balsámicos:** resina, bálsamo, sándalo, regaliz, pino, enebro, eucalipto, etc.
- **Aromas empireumáticos:** aromas tostados, ahumados, torrefactos, madera quemada, alquitrán, café, tabaco, etc.
- **Aromas a madera:** roble, cedro, ciprés, resina, etc.
- **Aromas especiados:** vainilla, canela, jengibre, pimienta, nuez moscada, clavo, etc.
- **Aromas animales:** a pieles, cuero, caza, orina de gato, almizcle, etc.
- **Buqué:** aparece en vinos complejos de crianza larga, puede ser de **«oxidación»**, debido al contacto del vino con el oxígeno durante la crianza o de **«reducción»**, provocado por la ausencia de oxígeno en la fase de maduración en la botella.

- **Identificación de defectos:**
- Olor a **oxidado** o demasiado añejo.
- Olores de reducción a **azufre**, huevo podrido o a repollo frito.
- Olores desagradables a **corcho**, hongos o madera húmeda debido al TCA.
- La acidez elevada da lugar a olores a **vinagre** o a **acetona**.

10.3. Expresiones y términos sobre las cualidades del vino.

La calidad del análisis sensorial depende de la capacidad de observación y análisis de la persona que valora el vino. La información que percibe procede de estímulos distintos y con diferentes niveles de intensidad. Una vez que se dispone de toda la información necesaria, la comunicación juega un papel esencial tanto a nivel escrito como verbal.

La información obtenida, es selectiva y debe ser analizada para extraer conclusiones, teniendo en cuenta todos los factores medibles. Por ejemplo, podemos saber la intensidad del color de un vino observando su «**capa**» al trasluz, esto es algo que podemos evaluar y a lo que podemos poner nombre:

- Capa baja.
- Capa media.
- Capa alta.

La memoria nos permite **identificar** colores, aromas o sabores conocidos y como consecuencia de ello, podemos establecer comparaciones y diferenciarlos. Por ejemplo, durante la realización de la fase olfativa, un vino puede tener notas a manzana, peras, frutos rojos, etc. Estas notas no son otra cosa que «**recuerdos**», que afloran como consecuencia de los estímulos químicos provocados por las sustancias volátiles que se encuentran en el vino. Hay que destacar que los sentidos olfativo y del gusto se encuentran interrelacionados y que se complementan entre sí, por lo que también se tienen en cuenta otros aspectos como el retrogusto y la persistencia.

La **experiencia práctica** nos permite evaluar características comunes o diferenciadoras basadas en modelos anteriores. La **capacidad descriptiva,** ya sea escrita o verbal está relacionada con la creatividad y el conocimiento del vocabulario. El conocimiento de la terminología facilita el proceso de transmisión de la información a través de fichas de cata o verbalmente. En la cata profesional las fichas de los vinos tranquilos y los espumosos son diferentes, esto se debe a la presencia de gas carbónico en los segundos.

Las fichas de cata son documentos normalizados y estandarizados, con una serie de criterios que hay que valorar, para ello pueden establecerse distintos métodos de puntuación:

- De 1 a 5 puntos: siendo 1 la puntuación más baja y 5 la más alta.
- De 1 a 10 puntos: siendo 1 la puntuación más baja y 10 la más alta.
- De 1 a 100 puntos: siendo 1 la puntuación más baja y 100 la más alta.

Vocabulario de la fase visual

A

Acuoso: vino aguado y sin matices.

Ambarino: color que adquieren los vinos blancos más maduros.

Añada: vino que pertenece a la misma temporada de la vendimia.

B

Brillante: vino sin sedimentos, limpio y transparente.

Burbujas: se deben a la presencia de gas carbónico. Son pequeños glóbulos que se hacen visibles cuando el vino se sirve en la copa.

C

Capa: cantidad de color en los vinos tintos. Puede ser baja, media o alta.

Carbónico: aparece durante la fermentación alcohólica, cuando las levaduras transforman los azúcares de la uva en alcohol. Es el principal responsable de la efervescencia de los vinos espumosos.

Color: característica visual del vino debida a las sustancias colorantes. Cuanto mayor sea la concentración de estas, más oscuro será el color del vino.

Corona: capa de espuma que se forma en la superficie de la copa donde se ha servido un vino espumoso.

Cristalino: vino que no presenta turbidez y que es muy transparente.

D

Decolorado: con poco color debido a la clarificación o por pérdida de él debido al envejecimiento.

E

Efervescente: vino espumoso que desprende gas carbónico.

Encajes: formaciones de burbujas separadas entre sí, que aparecen en la copa donde se ha servido un vino espumoso y que se encuentran dentro del círculo formado por la corona.

Espumoso: vino que contiene gas carbónico que procede de una segunda fermentación.

F

Fluido: vino con restos de glicerol que forma lágrimas finas, que se deslizan rápidamente por las paredes de la copa.

G

Glicerol: es un alcohol glicólico que se encuentra en el vino, es incoloro, inoloro y denso, aporta al vino una textura grasa.

Grueso: vino oscuro muy concentrado.

I

Intensidad: gradación del color del vino puede ser baja, media o alta.

L

Lágrima: restos de glicerol que quedan en las paredes de la copa y se deslizan hacía abajo como si fueran lágrimas, también se les denomina piernas.

Lías: restos sólidos que proceden de la fermentación, en su mayoría son restos de levaduras.

Limpidez: cualidad de los vinos que no presentan sedimentos en suspensión y son limpios y transparentes.

M

Matiz: tonalidad del color del vino que proporciona información sobre su evolución a lo largo del tiempo.

O

Opalescente: vino con sedimentos en suspensión, lo que provoca que sea ligeramente turbio.

P

Pálido: característica de los vinos blancos y rosados con poco tiempo de maceración.

R

Ribete: contorno o borde que presenta más claridad y que podemos apreciar cuando la copa de vino está ligeramente ladeada.

Rosario: en los vinos espumosos columna de burbujas que se desplazan desde la parte inferior de la copa hacia la superficie, donde entran en contacto con el aire.

T

Tranquilo: vino sin la presencia de gas carbónico.

Turbio: vino con sedimentos en suspensión.

U

Untuoso: vino con glicerol que forma lágrimas gruesas que caen lentamente por las paredes de la copa.

V

Velado: vino ligeramente oscurecido.

Vocabulario de la fase olfativa

A

Abierto: que contiene suficiente cantidad de oxígeno como para que se manifiesten los aromas.

Afrutado: que desprende aromas primarios frutales.

Amílico: que presenta aromas que recuerdan al esmalte de uñas, plátano, caramelo ácido, barniz, etc.

Aromático: vino con gran variedad de aromas agradables, entre los que destacan los florales.

B

Balsámico: aromas terciarios del vino penetrantes y frescos que proceden de la madera de las barricas.

Buqué: característica olfativa que aparece en los vinos complejos de crianza larga y que puede ser debida a la oxidación que se produce durante la crianza en barricas de madera o a los aromas de reducción desarrollados durante la fase de maduración en la botella.

C

Complejo: vino con una gran variedad de aromas y sensaciones en boca que se manifiestan mediante estímulos constantes.

Corcho: olor o sabor provocado por el tapón de corcho.

Corrompido: con olor desagradable y fétido.

D

Débil: vino corto con pocos aromas y sabor.

Delicado: vino con aromas y sabores agradables, pero de poca intensidad.

Desvaído: poco aromático y con apenas sabor.

E

Ebonita: olor defectuoso a plástico o caucho sintético.

Elegante: de aromas y sabores equilibrados y delicados.

Empireumáticos: aromas terciarios del vino que recuerdan a humo, tostado o quemado.

Especiados: aromas terciarios del vino que recuerdan a especias como la vainilla o la pimienta.

F

Fragancia: de aromas intensos y duraderos.

Franco: vino equilibrado y pleno sin aromas o sabores defectuosos.

Fresco: que deja una sensación refrescante en boca y nariz debido a su acidez o a los aromas.

Floral: que desprende aromas primarios florales.

G

Geraniol: aroma desagradable debido a la degradación del ácido sórbico que da lugar a olores que recuerdan a las hojas de geranio.

H

Herbáceo: con aromas herbales que resaltan la falta de madurez del vino.

Hueco: que no tiene aromas ni sabor.

L

Láctico: que desprende aromas secundarios que proceden de la fermentación y que recuerdan a productos lácteos.

Largo: vino cuyo aroma y sabor son duraderos.

M

Madera: aromas terciarios del vino que recuerdan a madera debido a la crianza.

Mineral: que desprende aromas primarios que recuerdan a minerales.

P

Perfumado: con gran variedad de aromas agradables e intensos.

Picado: vino defectuoso con olor y sabor avinagrado.

Pimiento: aroma primario propio de algunas variedades de uva como la cabernet sauvignon.

R

Retronasal: aromas volátiles del vino que llegan a la nariz a través de la nasofaringe, que comunica los sentidos del gusto y el olfato través de la faringe.

V

Varietal: aroma de una variedad que predomina sobre las demás.

Vegetal: que desprende aromas primarios vegetales.

Vocabulario de la fase gustativa

A

Abocado: sin ser dulce deja sensación de dulzor en boca.

Acerbo: vino rudo, ácido y áspero.

Acidez: sensación producida por la presencia de sustancias ácidas en el vino.

Agresivo: de aroma y sabor desagradable muy ácido y astringente.

Aguja: con un bajo contenido en gas carbónico, que sin embargo se percibe en boca y proporciona sensaciones picantes pero agradables.

Alcalino: de baja acidez y carente de vivacidad.

Alcohol: sustancia química que se obtiene por la acción de las levaduras sobre los azúcares durante la fermentación.

Alcohólico: que se caracteriza por una alta graduación alcohólica o que destaca sobre el resto de sabores planos.

Alegre: vino poco complejo, fresco y ligero de buen paso en boca.

Almendrado: que su aroma o sabor recuerda a almendras amargas.

Amable: vino afrutado y ligeramente abocado de gusto agradable.

Amargo: que contiene una alta concentración de sustancias amargas.

Amplio: vino lleno de matices y completo.

Ardiente: vino con exceso de alcohol que provoca una sensación de quemazón en boca.

Armónico: vino muy bien equilibrado y de excelente calidad.

Áspero: vino con una alta carga tánica.

Astringencia: sensación de aspereza y sequedad en boca, provocada por la presencia de taninos en el vino.

Ataque: sensaciones experimentadas en boca al degustar un vino.

Aterciopelado: vino suave, fino y noble de buen paso en boca.

Austero: equilibrado, pero sin ninguna cualidad destacable.

B

Basto: vino vulgar y de muy mala calidad.

Bouchoné: con sabor y olor a corcho.

C

Carnoso: agradable en boca, amplio y con cuerpo.

Corto: de aromas y sabores breves a la vez que poco intensos.

Cuerpo: cualidad de los vinos estructurados y consistentes en boca, está asociado a la graduación alcohólica y al extracto seco.

D

Delgado: con falta de cuerpo.

Delicado: de buena calidad, pero con aromas y sabores de poca intensidad.

Desequilibrado: vino en el que no existe armonía entre sus componentes, lo que provoca que destaquen unos sobre otros.

Dulce: con un elevado contenido de azúcar residual.

Duro: muy ácido y astringente.

E

Estructurado: vino en el que existe un equilibrio entre la acidez, carga tánica y alcohol.

F

Frescor: sensación agradable provocada por la acidez en los vinos jóvenes.

Frutal: de sabor afrutado.

G

Glicérico: suave y untuoso, agradable en boca debido a la presencia de glicerol.

Graso: viscoso, suave y con cuerpo, debido a la presencia de glicerol.

J

Joven: vino nuevo o del año.

L

Ligero: vino agradable con poco alcohol y sin cuerpo.

M

Málico: sensación de acidez elevada en el vino, producida por el ácido del mismo nombre.

O

Oxidado: defectuoso por la acción del oxígeno, se aprecia en todas las fases de la cata.

P

Pastoso: vino con exceso de azúcar.

T

Tánico: vino áspero y astringente que deja sequedad en la boca debido a la concentración de taninos.

U

Untuoso: suave y oleoso, pleno en boca sin ser pesado.

V

Vigoroso: potente, con cuerpo y sabroso en boca.

Vinoso: denso en boca y fuerte en nariz por exceso de alcohol.

Vivaz: de buena y agradable acidez.

10.4. División de los aromas según Max Léglise.

El enólogo Max Léglise nacido en 1926 en Dijon, capital de la región de Borgoña en Francia, distinguió tres grupos aromáticos: los aromas primarios o varietales, los aromas secundarios o fermentativos y los aromas terciarios originados durante el envejecimiento y la maduración del vino.

- **Los aromas primarios del vino.**

Los aromas primarios pertenecen en su mayoría al reino vegetal y mineral, agrupan a las series: frutal, floral, vegetal y mineral. Cuando hablamos de las series aromáticas no nos referimos a listas cerradas, estas pueden ampliarse o reducirse de acuerdo a la experiencia de la persona que realiza el análisis. A continuación, se muestra un listado de aromas y la serie a la que pertenecen:

Aromas frutales: manzana, pera, ciruela, melocotón, albaricoque, frutos rojos, frutos negros, etc.

Aromas florales: rosa, jazmín, violeta, flor de azahar, lirio, clavel, lila, etc.

Aromas vegetales: pimiento, hierba seca, hierba cortada, heno, eucalipto, etc.

Aromas minerales: brea, yodo, tierra mojada, granito, punta de lápiz, etc.

- **Los aromas secundarios del vino.**

Los aromas secundarios proceden de la fermentación del mosto (vinificación) y son debidos a la acción de las levaduras sobre los azúcares de la uva. Durante este proceso se producen fenómenos químicos que dan lugar a la aparición de alcoholes, anhídrido carbónico y otros productos que hacen que surjan nuevos aromas que se muestran a continuación:

Aromas fermentativos: bollería, pastelería, bizcocho, miga de pan, brioche, galletas, etc.

Aromas lácticos: leche, queso, yogur, levadura, mantequilla, etc.

Aromas amílicos: esmalte de uñas, plátano, caramelo, barniz, etc.

- **Los aromas terciarios del vino.**

Los aromas terciarios se desarrollan durante el proceso de envejecimiento del vino, que se divide en dos fases:

1. La **fase «oxidativa»** se desarrolla dentro de barricas de madera de roble cuyas porosidades permiten la entrada de oxígeno.
2. En la **fase «reductora»** el vino evoluciona en el interior de las botellas, sin que exista contacto con el oxígeno. Durante el período de «guarda» en la bodega los vinos maduran hasta convertirse en vinos de crianza, reserva o gran reserva.

A continuación, se muestra un listado de aromas terciarios y la serie a la que pertenecen:

Aromas balsámicos: resina, bálsamo, sándalo, regaliz, pino, enebro, eucalipto, etc.

Aromas empireumáticos: aromas tostados, ahumados, torrefactos, madera quemada, alquitrán, café, tabaco, etc.

Aromas a madera: roble, pino, cedro, ciprés, madera tostada, resina, etc.

Aromas especiados: vainilla, canela, jengibre, pimienta, nuez moscada, clavo, etc.

Aromas animales: a pieles, cuero, caza, orina de gato, almizcle, etc.

Buqué: aparece en vinos complejos de crianza larga, puede ser de «oxidación», debido al contacto del vino con el oxígeno que penetra a través de las porosidades de la madera de las barricas o de «reducción» provocado por la ausencia de aire en la fase de maduración en la botella.

10.5. Aroma versus buqué.

El buqué en castellano o el bouquet en francés, es un término que sirve para identificar los vinos que por sus especiales características organolépticas, especialmente las aromáticas son considerados de gran calidad. Durante el proceso de maduración los aromas primarios y secundarios van transformándose en otros más complejos con notas a madera, humo, tabaco, caramelo, chocolate, etc. El origen de estos aromas se encuentra en los procesos de crianza en barrica o botella. Podemos distinguir dos tipo de buqué, el de oxidación y el de reducción.

- **Buqué de oxidación.**

Durante el período de envejecimiento en barricas de roble francés o americano, el vino se encuentra en contacto con la madera y el oxígeno, lo que provoca una modificación de sus características organolépticas, que afecta significativamente a los aromas debido a la oxidación. Esto se traduce en una importante reducción y modificación de los aromas varietales y fermentativos y en la aparición de otras sustancias volátiles transferidas al vino a través de la madera de las barricas, lo que proporciona distintos perfiles aromáticos.

- **Buqué de reducción.**

Una vez ha finalizado la fase oxidativa, los vinos pasan por un proceso de envejecimiento en botella. La fase reductora se caracteriza por la ausencia de oxígeno dentro de la botella, lo que provoca la aparición de los aromas de reducción y el afinamiento del vino. Los vinos que han sido sometidos a envejecimiento en botella deben ser decantados para airearlos y eliminar el olor a sulfuroso.

Recuerda

10. Fase olfativa

La capacidad de análisis.

La **calidad** del análisis sensorial depende de la capacidad de observación y análisis de la persona que valora el vino. La información que percibe procede de estímulos distintos y con diferentes niveles de intensidad. Una vez que se dispone de toda la información necesaria, la comunicación juega un papel esencial, tanto a nivel escrito como verbal.

La **percepción** es un proceso cognitivo que nos permite obtener información del entorno, gracias a los estímulos recibidos a través de nuestros órganos sensoriales. Las sustancias aromáticas volátiles se desprenden como consecuencia del intercambio de temperatura entre el vino y el interior de la boca. Estos aromas se perciben a través de las vías nasal y retronasal, lo que es debido a que sus receptores (quimiorreceptores), son estimulados por las sustancias químicas volátiles.

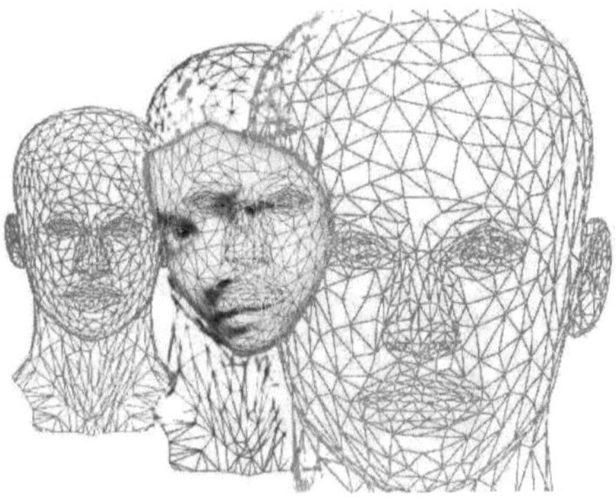

Ilustración 27. Percepción.

Tipos de aromas

- Primarios, procedentes del viñedo.
- Secundarios, procedentes de la fermentación.
- Terciarios, procedentes de la maduración.

Podemos identificar los **aromas** del vino de dos formas, por vía nasal a copa parada y por la misma vía a copa movida. En la primera podemos apreciar los aromas más destacados, en la segunda logramos que se desprendan los aromas que permanecen ocultos.

El buqué.

El buqué en castellano o el bouquet en francés, es un término que sirve para identificar los vinos que por sus especiales características organolépticas, especialmente las aromáticas son considerados de gran calidad.

Autoevaluación

10. Fase olfativa

Durante la fase de análisis olfativo, podemos apreciar los aromas primarios, secundarios y terciarios del vino. En esta fase juegan un papel fundamental la memoria y la capacidad para reconocer los aromas. Para poder llevar acabo un análisis objetivo, es necesario conocer las series aromáticas de Max Léglise y relacionarlas con cada una de las etapas o procesos de elaboración del vino. A continuación se exponen 10 preguntas abiertas que debes responder teniendo en cuenta los conocimientos adquiridos en el tema 10. La extensión de las respuestas debe ser corta para responder con la mayor precisión posible a lo que se pregunta.

---

1. ¿De dónde proceden los aromas primarios?

2. ¿De dónde proceden los aromas secundarios?

3. ¿De dónde proceden los aromas terciarios?

4. ¿Qué es el buqué?

5. ¿De qué dos formas podemos identificar los aromas del vino?

6. Nombra 3 aromas minerales.

7. Nombra 3 aromas amílicos.

8. Nombra 3 aromas balsámicos.

9. Nombra 3 aromas empireumáticos.

10. ¿Por qué se caracteriza la fase reductora?

Resolución de la autoevaluación

10. Fase olfativa

1. ¿De dónde proceden los aromas primarios?
Son aromas varietales, proceden de la variedad de la uva y del viñedo.

2. ¿De dónde proceden los aromas secundarios?
Son aromas fermentativos, que proceden de los procesos de fermentación.

3. ¿De dónde proceden los aromas terciarios?
Se desarrollan durante el proceso de envejecimiento del vino.

4. ¿Qué es el buqué?
Aparece en vinos complejos de crianza larga, puede ser de «oxidación», debido al contacto del vino con el oxígeno que penetra a través de las porosidades de la madera de las barricas o de «reducción» provocado por la ausencia de oxígeno en la fase de maduración en la botella.

5. ¿De qué dos formas podemos identificar los aromas del vino?
A copa parada y por la misma vía a copa movida.

6. Nombra 3 aromas minerales.
Brea, yodo, tierra mojada, granito, punta de lápiz, etc.

7. Nombra 3 aromas amílicos.
Esmalte de uñas, plátano, caramelo, barniz, etc.

8. Nombra 3 aromas balsámicos.
Resina, bálsamo, sándalo, regaliz, pino, enebro, eucalipto, etc.

9. Nombra 3 aromas empireumáticos.
Aromas tostados, ahumados, torrefactos, madera quemada, alquitrán, café, tabaco, etc.

10. ¿Por qué se caracteriza la fase reductora?
Se caracteriza por la ausencia de oxígeno dentro de la botella, lo que provoca la aparición de los aromas de reducción y el afinamiento del vino.

11. Fase gustativa

11. FASE GUSTATIVA.

El sentido del gusto se encuentra en el interior de la boca, gracias a él podemos reconocer los sabores de los alimentos. Además de en la lengua, también existen receptores gustativos en el paladar, la epiglotis y las paredes de la faringe. Como el resto de los sentidos nos permite obtener información que procede del medio. En la superficie de la lengua se encuentran los botones gustativos, gracias a los cuales podemos percibir los distintos sabores.

El proceso de degustación comienza con la introducción de un alimento o bebida en la cavidad bucal. Es en ella donde se disuelven gracias a la acción de la saliva. Este proceso de disolución provoca reacciones químicas en las papilas gustativas, que es donde se encuentran los receptores encargados de enviar impulsos nerviosos al cerebro. En él se transforman en sensaciones que son percibidas como uno o más sabores. Su intensidad dependerá de la frecuencia con la que se sucedan los impulsos, cuanto mayor sea esta mayor será la intensidad del sabor.

La información que percibimos a través del sentido del gusto es compleja, ya que este no funciona de manera independiente y aislada, sino conjuntamente con el olfato. Asimismo las sensaciones gustativas pueden verse influidas por las táctiles. Además de los cuatro sabores básicos: dulce, salado, ácido y amargo, existe un quinto sabor denominado umami mucho más complejo.

La respuesta de los botones gustativos ante una concentración de sustancias baja, es la percepción individualizada, lo que significa que cada botón reconoce solo uno de los sabores básicos. Por el contrario, cuando es elevada, un mismo botón puede responder al estímulo de hasta cuatro sabores básicos.

El sentido del gusto permite reconocer la temperatura, la textura y el sabor. Cuando el vino se introduce en la boca, se produce un aumento de la temperatura que provoca el desprendimiento de vapores que son desplazados por su interior, haciendo que asciendan y sean percibidos por vía retronasal.

Según una investigación realizada por investigadores de las universidades de Yale en EEUU y Dresden en Alemania, liderado por la Dra. Dana Small, profesora de psiquiatría en Yale, existen dos formas de oler dependiendo de las vías de entrada. Si el olor es percibido por vía nasal se le denomina ortonasal y si lo es a través de la boca, retronasal. Lo que pone de manifiesto este estudio publicado por la revista Neuron, es que el olor puede ser confundido con el sabor cuando es percibido por vía retronasal.

11.1. La fisiología del gusto.

Si se analizaran las características organolépticas de un alimento o bebida, únicamente a través del sentido del gusto, sin que en este proceso interviniera el sentido del olfato, sería imposible percibir los sabores. No se puede saborear un alimento o una bebida cuando no se dispone de la información que proporcionan los olores que son percibidos por vía retronasal.

El análisis sensorial es un proceso complejo que requiere de conocimientos, experiencia y creatividad, esta última capacidad es considerada como el sexto sentido por algunos autores. Tampoco debemos olvidar la intuición, que permite descartar del análisis todo lo que sea innecesario o superfluo.

La textura se encuentra asociada a las propiedades de los alimentos, gracias a ellas pueden fluir o deformarse. Un líquido como el vino es un fluido que puede cambiar de forma, pero no de volumen. Gracias al sentido del tacto podemos conocer su densidad.

11.2. Las sensaciones gustativas en la boca.

En el primer sorbo, se debe introducir una pequeña cantidad de vino dentro de la boca y dejarla ligeramente abierta para que penetre una pequeña cantidad de aire y se oxigene. En esta fase podemos percibir la temperatura e identificar algunos de los sabores básicos.

¿Cuál es el nivel de azúcar del vino?
El sabor dulce se debe a compuestos orgánicos como los azúcares, alcohol, glicoles, ésteres y aldehídos.

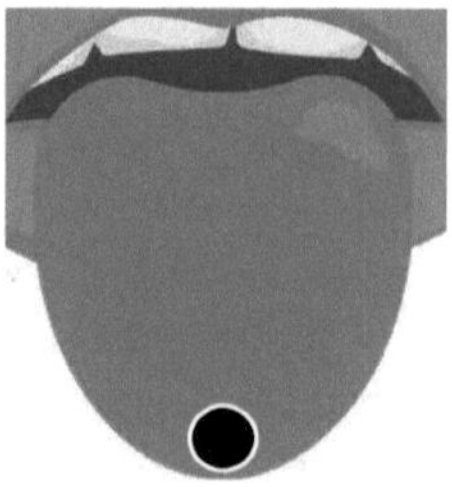

¿Se aprecia el sabor salado?
El sabor salado se debe a los minerales, al ácido succínico y a las sales procedentes del ácido tartárico.

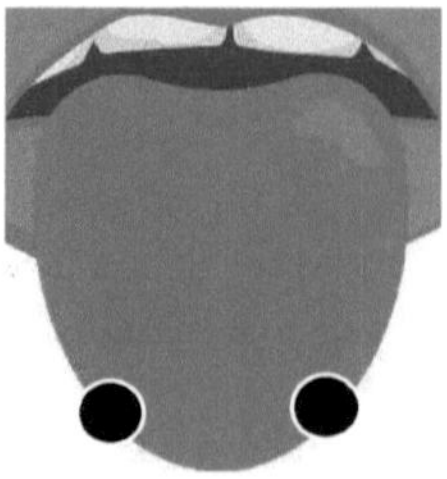

En el segundo ataque comienzan a percibirse los sabores ácidos y amargos y la textura del vino. La sensación de dulzor disminuye en los vinos con una cantidad moderada de azúcar residual, en el caso de los vinos dulces la sensación de dulzor persiste. Se debe tener en cuenta que el gas carbónico aumenta la sensación de acidez y astringencia.

¿Se percibe la acidez del vino?

En el vino pueden encontrarse los ácidos cítrico, málico, tartárico, láctico, acético y succínico. Una vez que se ha identificado la presencia de alguna de estas sustancias ácidas, debe determinarse cuál es su nivel de intensidad: bajo, medio o alto.

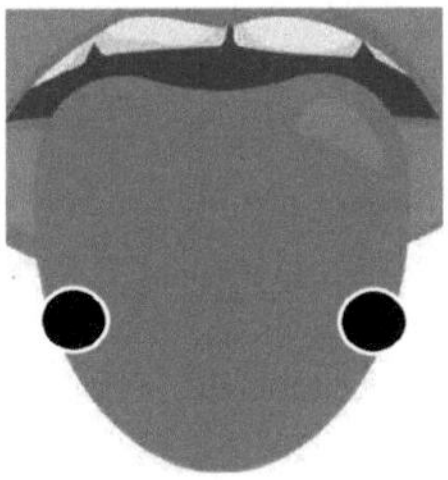

¿Se percibe el amargor?

El sabor amargo se debe al ácido succínico y a las sustancias fenólicas denominadas taninos catequinas que proceden de las uvas, así como a los taninos galotánicos que proceden de la madera de las barricas donde madura el vino.

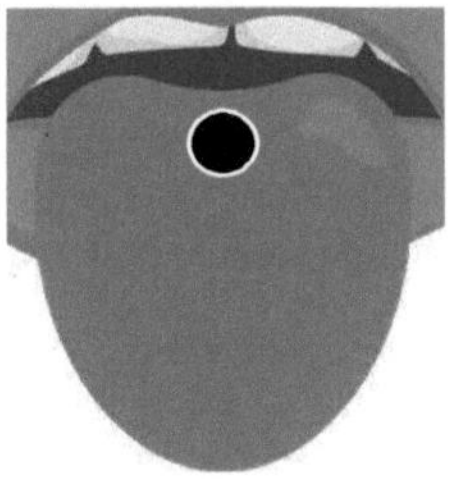

¿Se percibe el umami?

El sabor umami se percibe en toda la boca y puede aparecer durante el proceso de fermentación. Su desarrollo se produce con posterioridad, durante la crianza. Los atributos que mejor lo definen son sabroso y completo. Un vino con umami será equilibrado y pleno.

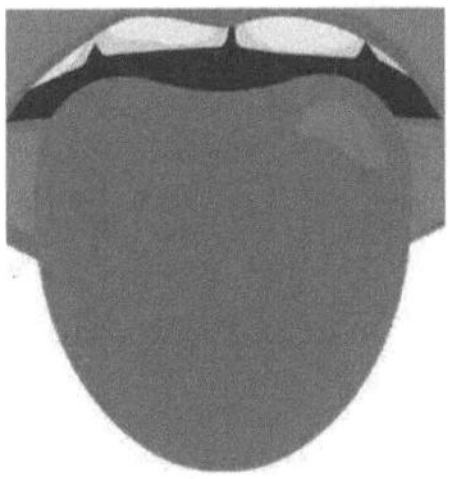

11.3. Las sustancias sápidas del vino.

La sensación de dulzor procede de la glucosa, la fructosa y el alcohol. La presencia de azúcares en el vino puede deberse a la incapacidad de algunas levaduras para metabolizarlos, el alcohol, por el contrario es el resultado de su metabolización.

Las sustancias saladas proceden de los minerales del suelo que son absorbidos por las raíces de las cepas, del ácido succínico o de la asociación del ácido tartárico con otras sustancias como el calcio, el potasio o algunos minerales. En otros casos la sensación de salinidad puede ser debida a la cercanía de los viñedos y el mar.

Los ácidos se encuentran en la pulpa de la uva, aportan frescura y participan en la estabilización del color y la conservación de los vinos, lo que les permite preservar sus características organolépticas. Una de las características positivas de los vinos jóvenes y en especial de los blancos es su acidez, que les proporciona frescura y vivacidad.

El amargor y la astringencia, proceden de los polifenoles, su concentración es más elevada en los vinos con un tiempo de maceración más largo. La madera de las barricas de roble también contiene taninos lo que aumenta la carga tánica del vino durante la crianza y mejora su estructura.

11.4. La vinosidad.

Podemos definir la vinosidad como la característica gustativa que distingue a los vinos de alta graduación alcohólica, muy aromáticos y agradables gustativamente, de sabores cálidos, agradables y completos. La densidad del vino dependerá de su contenido de alcohol después de la fermentación. Por otra parte, el extracto seco se encuentra formado por sustancias en disolución, lo que provoca que vinos blancos y tintos con la misma graduación alcohólica presenten distintas densidades, siendo mayor la de los tintos.

Para referirse a la fluidez o viscosidad del vino se utiliza un listado de adjetivos como; **suave**, cuando el vino deja una sensación agradable en la boca; **sedoso**, para los vinos semidulces; **aterciopelado**, cuando es suave, fino y sin aspereza; **untuoso**, para definir los vinos suaves y oleosos plenos en boca, pero que no resultan pesados; **graso**, si es demasiado viscoso debido al glicerol o **carnoso**, cuando hablamos de vinos equilibrados pero densos.

¿Es un vino suave y sedoso?
Si la respuesta a esta pregunta es positiva, el vino es de buena calidad, debido a que la uva se ha vendimiado en el momento más adecuado y la madera ha sido beneficiosa para su maduración.

¿Es un vino tánico y astringente?
Si la respuesta a esta pregunta es positiva, el vino no es de muy buena calidad y deja sensaciones de aspereza o sequedad en la lengua y las encías. Los taninos deben estar bien integrados con las demás sustancias que componen el vino, de esta manera se suavizan y se vuelven agradables al paladar.

¿Es un vino ligero y suave?
Si la respuesta a esta pregunta es positiva, se trata de vinos armónicos y agradables con texturas sedosas o aterciopeladas.

¿Es un vino untuoso?
Un vino untuoso es el que tiene una textura oleosa, es decir, ligeramente espesa. En el análisis sensorial de vinos es una expresión que sirve para denominar a los vinos amplios o completos de texturas suaves.

¿Se percibe el alcohol?
La fermentación alcohólica es el proceso en el que las levaduras transforman los azúcares del mosto en alcohol. Si el volumen de alcohol es alto, el vino será espeso, viscoso y dejará una sensación de ardor en la boca. Cuando el alcohol está bien integrado, aporta suavidad al vino, al equilibrar las sensaciones de acidez y amargor.

11.5. La permanencia gustativa.

Los aromas volátiles del vino pueden apreciarse por vía **retronasal**. Esto sucede cuando las sustancias aromáticas del vino se desprenden como consecuencia de la elevación de la temperatura en el interior de la boca. Las moléculas en suspensión llegan a la nariz por medio de la nasofaringe, que comunica los sentidos del gusto y el olfato a través de la faringe, lo que permite que el sentido del gusto y el olfato funcionen conjuntamente.

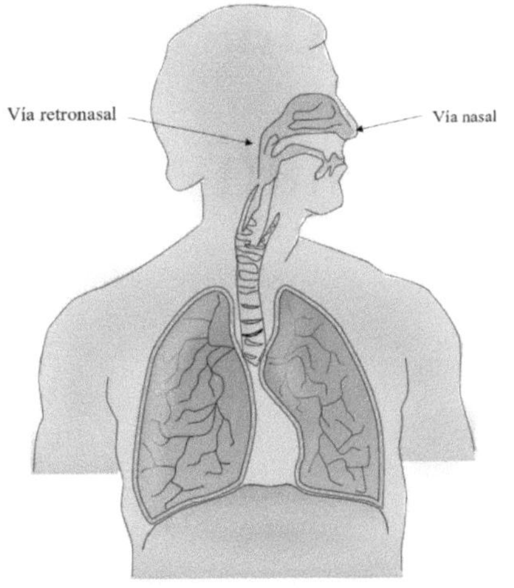

Ilustración 28. Sistema olfativo.

La **persistencia** gustativa, es decir, la cantidad de tiempo que dicha sensación permanece en la boca, depende, no solo de las papilas gustativas, sino, de la participación del **retrogusto** y la información que proporciona después de que el vino haya sido ingerido. **El flavor** consiste en la percepción simultánea de las sensaciones aromáticas, gustativas y táctiles y los **recuerdos** son un conjunto de sensaciones que permiten reconocer los aromas o sabores. Un vino puede dejar recuerdos a cítricos, florales, frutales o a madera entre otros.

Recuerda

11. Fase gustativa

- El sentido del gusto se encuentra en el interior de la boca, gracias a él podemos reconocer los sabores. Además de en la lengua, también existen receptores gustativos en el paladar, la epiglotis y las paredes de la faringe.
- La textura se encuentra asociada a las propiedades de los alimentos, gracias a ellas pueden fluir o deformarse. Un líquido como el vino es un fluido que puede cambiar de forma, pero no de volumen.
- Gracias al sentido del tacto podemos conocer su densidad. Podemos definir la vinosidad como la característica gustativa que distingue a los vinos de alta graduación alcohólica, muy aromáticos y agradables gustativamente, de sabores cálidos, agradables y completos.

La **sensación de dulzor** procede de la glucosa, la fructosa y el alcohol. La presencia de azúcares en el vino puede deberse a la incapacidad de algunas levaduras para metabolizarlos, el alcohol, por el contrario es el resultado de su metabolización.

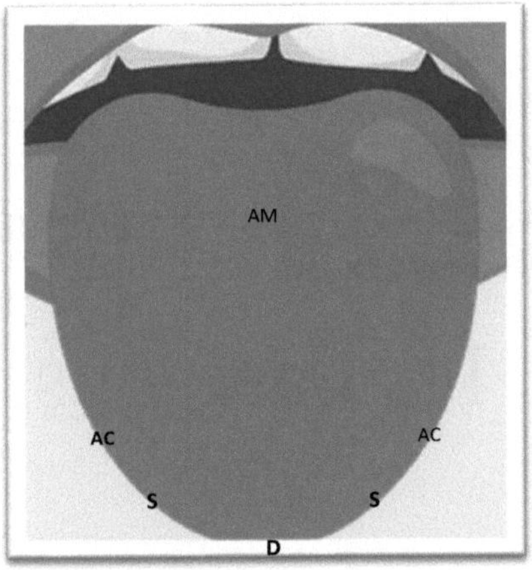

Las **sustancias saladas** proceden de los minerales del suelo que son absorbidos por las raíces de las cepas, del ácido succínico o de la asociación del ácido tartárico con otras sustancias como el calcio, el potasio o algunos minerales. En otros casos pueden ser debidas a la cercanía de los viñedos y el mar.

El **amargor** y la astringencia, proceden de los polifenoles, su concentración es más elevada en los vinos con un tiempo de maceración más largo. La madera de las barricas de roble también contiene taninos, lo que aumenta la carga tánica del vino durante la crianza y mejora su estructura.

Los **ácidos** se encuentran en la pulpa de la uva, aportan frescura y participan en la estabilización del color y la conservación de los vinos, lo que les permite preservar sus características organolépticas. Una de las características positivas de los vinos jóvenes y en especial de los blancos es su acidez, que les proporciona frescura y vivacidad.

- El sabor umami se percibe en toda la boca y puede aparecer durante el proceso de fermentación. Su desarrollo se produce con posterioridad, durante la crianza. Los atributos que mejor lo definen son sabroso y completo. Un vino con umami será equilibrado y pleno.

Autoevaluación

11. Fase gustativa

El análisis sensorial es un proceso complejo que requiere de conocimientos, experiencia y creatividad, esta última capacidad es considerada como el sexto sentido por algunos autores. Tampoco debemos olvidar la intuición que permite descartar del análisis todo lo que sea innecesario o superfluo. Durante la fase de análisis gustativo, podemos reconocer los sabores básicos del vino, así como el quinto sabor, cuando se encuentra presente. A continuación se exponen 10 preguntas abiertas que debes responder teniendo en cuenta los conocimientos adquiridos en el tema 11. La extensión de las respuestas debe ser corta para responder con la mayor precisión posible a lo que se pregunta.

---

1. Además de en la lengua ¿dónde existen también receptores gustativos?

2. ¿Dónde se encuentran los botones gustativos?

3. ¿Dónde se encuentran los receptores encargados de enviar impulsos nerviosos al cerebro?

4. ¿Funciona de manera independiente el sentido del gusto?

5. ¿Qué factores pueden identificarse gracias al sentido del gusto?

6. ¿Cómo se denomina el olor cuando es percibido por vía nasal y bucal?

7. ¿De dónde procede el sabor dulce?

8. ¿De dónde procede el sabor salado?

9. ¿De dónde procede el sabor ácido?

10. ¿De dónde procede el sabor amargo?

Resolución de la autoevaluación

11. Fase gustativa

1. Además de en la lengua ¿dónde existen también receptores gustativos?
En el paladar, la epiglotis y las paredes de la faringe.

2. ¿Dónde se encuentran los botones gustativos?
En la superficie de la lengua.

3. ¿Dónde se encuentran los receptores encargados de enviar impulsos nerviosos al cerebro?
En las papilas gustativas.

4. ¿Funciona de manera independiente el sentido del gusto?
No funciona de manera independiente y aislada, sino conjuntamente con el olfato. Asimismo las sensaciones gustativas pueden verse influidas por las táctiles.

5. ¿Qué factores pueden identificarse gracias al sentido del gusto?
Temperatura, textura y sabor.

6. ¿Cómo se denomina el olor cuando es percibido por vía nasal y bucal?
Ortonasal en el primer caso y retronasal en el segundo.

7. ¿De dónde procede el sabor dulce?
El sabor dulce se debe a compuestos orgánicos como los azúcares, alcohol, glicoles, ésteres y aldehídos.

8. ¿De dónde procede el sabor salado?
El sabor salado se debe a los minerales, al ácido succínico y a las sales procedentes del ácido tartárico.

9. ¿De dónde procede el sabor ácido?
En el vino pueden encontrarse los ácidos cítrico, málico, tartárico, láctico, acético y succínico.

10. ¿De dónde procede el sabor amargo?
El sabor amargo se debe al ácido succínico y a las sustancias fenólicas denominadas taninos catequinas que proceden de las uvas, así como a los taninos galotánicos que proceden de la madera de las barricas donde madura el vino.

12. Defectos del vino y su origen

12. DEFECTOS DEL VINO Y SU ORIGEN.

Generalmente los defectos del vino de deben a fallos en los procesos de elaboración, provocados por un deficiente mantenimiento del viñedo; la mala aplicación de los tratamientos fitosanitarios; una fermentación alcohólica defectuosa; el riesgo microbiológico como consecuencia de la falta de limpieza; el exceso de oxidación de los vinos durante la crianza; fallos en el embotellado o la exposición a la luz solar.

Los análisis químicos permiten determinar el grado alcohólico, la acidez, el nivel de pH y el azúcar residual. Se debe calcular cuál es la cantidad de sulfuroso necesaria para evitar la presencia de microorganismos en todos aquellos procesos donde su adición sea necesaria. Factores como la graduación alcohólica y el nivel de acidez permiten la evolución adecuada de los vinos en la bodega.

12.1. Los defectos más comunes en un vino.

El anhídrido sulfuroso se añade al vino debido a sus propiedades antioxidantes y bactericidas lo que facilita su conservación, sin embargo, un exceso de este puede repercutir negativamente en las características organolépticas del vino afectando a su color, aroma y sabor.

El exceso de oxigenación produce la oxidación del vino, lo que provoca la pérdida de brillo, cambios negativos en el sabor, pérdida de aromas y la aparición de olores rancios y desagradables. Durante la fase reductora los vinos maduran y se afinan dentro de las botellas en ausencia de oxígeno, lo que puede dar lugar a olores desagradables que recuerdan a productos químicos, azufre o huevo podrido. Aunque este fenómeno es propio de los vinos de crianza, en algunas ocasiones puede aparecer en vinos jóvenes de trasiego tardío o mal aireados.

La Brettanomyces es un tipo de levadura que provoca la aparición de metabolitos, lo que puede provocar defectos olfativos en los vinos (Brett), generando un intenso olor animal. El Tricloroanisol (TCA) o enfermedad del corcho es un proceso químico que se debe a la presencia de clorofenoles, lo que puede provocar alteraciones desagradables en el sabor y olor del vino.

El olor avinagrado de algunos vinos se debe al exceso de ácido acético, coloquialmente se les denomina vinos picados. Otros defectos del vino pueden ser debidos a la formación de cristales, como consecuencia de la presencia de bitrartrato en los vinos blancos, de sedimentos de las materias colorantes en los tintos, de burbujas que hacen su aparición durante la fermentación o por la acción de agentes químicos y bacterianos.

12.2. Como detectar defectos en el vino.

Aunque los métodos y las tecnologías utilizadas para la elaboración del vino en la actualidad, han reducido significativamente la probabilidad de errores y se ha avanzado mucho en el diseño e implementación de buenas prácticas de almacenamiento, es imposible garantizar al 100 % la inexistencia de alguno de los defectos que se han comentado con anterioridad. La identificación de alteraciones o defectos es posible gracias al conocimiento de los factores que provocan la degradación organoléptica del vino y a sus consecuencias, que se hacen visibles durante el análisis sensorial.

¿Cómo podemos saber si un vino está oxidado?
Se percibe por la pérdida de brillo, la escasez de aromas y el olor a rancio.

¿Cómo podemos identificar el exceso de sulfuroso?
Destaca el olor a azufre. Provoca sequedad y picor en la boca.

¿Cómo podemos identificar la presencia de ácido sulfhídrico?
Destaca el olor a huevo podrido y a materia orgánica en descomposición.

¿Cómo podemos saber si un vino tiene exceso de brett?
Podemos considerar un defecto del vino un exceso de olores de tipo animal a establo, caballo, orina, etc.

¿Cómo podemos identificar el olor a corcho?
Durante la fase olfativa se perciben olores a moho y humedad. En la gustativa, sabores desagradables a rancio.

¿Cómo podemos identificar la acidez volátil?
Se percibe fácilmente durante la fase olfativa, debido a su olor avinagrado.

Presencia de burbujas, cristales o sedimentos en los vinos tranquilos.
Son defectos que pueden ser apreciados a simple vista durante el análisis visual.

Recuerda

12. Defectos del vino y su origen

Causas de los defectos del vino.

- Fallos en los procesos de elaboración.
- Deficiente mantenimiento del viñedo.
- Mala aplicación de los tratamientos fitosanitarios.
- Fermentación alcohólica defectuosa.
- Riesgo microbiológico como consecuencia de la falta de limpieza.
- Exceso de oxidación de los vinos durante la crianza.
- Fallos en el embotellado.
- Exposición a la luz solar.

Defectos del vino

- Exceso de oxidación.
- Exceso de sulfuroso.
- Presencia de ácido sulfhídrico.
- Exceso de brett.
- Tricloroanisol (TCA).
- Acidez volátil.
- Presencia de burbujas.
- Presencia de cristales.
- Presencia de sedimentos.

Los **análisis químicos** permiten determinar el grado alcohólico, la acidez, el nivel de pH y el azúcar residual. Se debe calcular cuál es la cantidad de sulfuroso necesaria para evitar la presencia de microorganismos en todos aquellos procesos donde su adición sea necesaria.

La identificación de **alteraciones** o defectos es posible gracias al conocimiento de los factores que provocan la degradación organoléptica del vino y a sus consecuencias, que se hacen visibles durante el análisis sensorial.

Autoevaluación

12. Defectos del vino y su origen

Son muchos los factores que pueden provocar alteraciones en el vino. La mayoría de los defectos pueden ser percibidos por los sentidos durante el análisis sensorial. Algunos de ellos pueden provocar una reducción significativa en las puntuaciones que se anotan en las hojas de cata. A continuación se exponen 10 preguntas abiertas que debes responder teniendo en cuenta los conocimientos adquiridos en el tema 12. La extensión de las respuestas debe ser corta para responder con la mayor precisión posible a lo que se pregunta.

---

1. ¿Cómo podemos saber si un vino está oxidado?

2. ¿Cómo podemos identificar el exceso de sulfuroso?

3. ¿Cómo podemos identificar la presencia de ácido sulfhídrico?

4. ¿Cómo podemos saber si un vino tiene exceso de brett?

5. ¿Cómo podemos identificar el olor a corcho?

6. ¿Cómo podemos identificar la acidez volátil?

7. Nombra dos de las posibles causas de los defectos en el vino.

8. ¿Cuál es el motivo por el que se añade anhídrido sulfuroso al vino?

9. ¿Qué puede provocar el exceso de oxigenación del vino?

10. ¿Qué es la Brettanomyces?

Resolución de la autoevaluación

12. Defectos del vino y su origen

1. ¿Cómo podemos saber si un vino está oxidado?
Se percibe por la pérdida de brillo, la escasez de aromas y el olor a rancio.

2. ¿Cómo podemos identificar el exceso de sulfuroso?
Destaca el olor a azufre. Provoca sequedad y picor en la boca.

3. ¿Cómo podemos identificar la presencia de ácido sulfhídrico?
Destaca el olor a huevo podrido y a materia orgánica en descomposición.

4. ¿Cómo podemos saber si un vino tiene exceso de brett?
Podemos considerar un defecto del vino un exceso de olores de tipo animal a establo, caballo, orina, etc.

5. ¿Cómo podemos identificar el olor a corcho?
Durante la fase olfativa se perciben olores a moho y humedad. En la gustativa, sabores desagradables a rancio.

6. ¿Cómo podemos identificar la acidez volátil?
Se percibe fácilmente durante la fase olfativa, debido a su olor avinagrado.

7. Nombra dos de las posibles causas de los defectos en el vino.
Fallos en los procesos de elaboración, provocados por un deficiente mantenimiento del viñedo; la mala aplicación de los tratamientos fitosanitarios; una fermentación alcohólica defectuosa; el riesgo microbiológico como consecuencia de la falta de limpieza; el exceso de oxidación de los vinos durante la crianza; fallos en el embotellado o la exposición a la luz solar.

8. ¿Cuál es el motivo por el que se añade anhídrido sulfuroso al vino?
Debido a sus propiedades antioxidantes y bactericidas lo que facilita su conservación.

9. ¿Qué puede provocar el exceso de oxigenación del vino?
Produce la oxidación del vino lo que provoca la pérdida de brillo, cambios negativos en el sabor, pérdida de aromas y la aparición de olores rancios y desagradables.

10. ¿Qué es la Brettanomyces?
Es un tipo de levadura que provoca la aparición de metabolitos, lo que puede provocar defectos olfativos en los vinos (Brett), generando un intenso olor animal.

Ficha para la valoración de vinos tranquilos

Evaluación de vinos tranquilos

FASE VISUAL

Limpidez:

____

____

Color, capa, ribete:

____

____

____

____

Brillo:

____

____

Glicerol:

____

____

Atributos positivos:

____

____

Atributos negativos:

____

____

Comentario:

____

____

____

____

____

____

____

Calificación del 1 al 10 teniendo en cuenta que 1 es la nota mínima y 10 la máxima: ☐

Evaluación de vinos tranquilos

FASE OLFATIVA

Aromas primarios:

Aromas secundarios:

Aromas terciarios:

Atributos positivos:

Atributos negativos:

Comentario:

Calificación del 1 al 10 teniendo en cuenta que 1 es la nota mínima y 10 la máxima: ☐

Evaluación de vinos tranquilos

FASE GUSTATIVA

Sensaciones gustativas: dulce, salado, acidez, astringencia…

Textura:

Retrogusto:

Persistencia:

Atributos positivos:

Atributos negativos:

Comentario:

Calificación del 1 al 10 teniendo en cuenta que 1 es la nota mínima y 10 la máxima: ☐

Ficha para la valoración de vinos espumosos

Evaluación de vinos espumosos

FASE VISUAL

Limpidez:

____

____

Color y brillo:

____

____

Efervescencia, burbujas, rosario, corona, encajes:

____

____

____

____

____

____

____

FASE OLFATIVA

Aromas primarios, secundarios y terciarios:

____

____

____

____

Variedad y calidad de los aromas:

____

____

Intensidad aromática:

____

____

FASE GUSTATIVA

Vivacidad:

____

____

Acidez:

____

____

Estructura:

____

____

Retrogusto:

____

____

Persistencia:

____

____

Comentario:

____

____

____

____

____

____

____

____

____

Calificación del 1 al 10 teniendo en cuenta que 1 es la nota mínima y 10 la máxima: ☐

Actividad práctica I

Actividad práctica 1.

Objetivo:

Conocer e identificar los colores, tonalidades y matices que puede presentar un vino, para poder así, describirlos durante la fase visual del análisis sensorial.

Introducción:
El análisis sensorial se divide en tres fases por este orden: fase visual, olfativa y gustativa, todas ellas se realizan con la participación de los sentidos. En la primera fase de la cata se valora el color, las tonalidades y los matices del vino.

Vas a necesitar:

- Material de escritura tradicional o digital:
    - Bolígrafo, lapicero y papel.
    - Software de tratamiento de textos (Word).

Desarrollo de la actividad:

1) Intenta memorizar todos los colores asociados a los vinos blancos.
2) Intenta memorizar todos los colores asociados a los vinos rosados.
3) Intenta memorizar todos los colores asociados a los vinos tintos.

Selecciona 3 colores para cada uno de los tres tipos de vinos según su color e intenta describirlos, asociándolos a aquellos objetos o alimentos que tengan un color semejante o parecido, por ejemplo frutas o vegetales.

Actividad práctica II

Actividad práctica 2.

Objetivo:

Aprender a reconocer los aromas teniendo en cuenta la clasificación de Max Léglise y entender de manera práctica la relación que existe entre el sistema olfativo y la memoria.

Introducción:
Los aromas son un conjunto de sensaciones agradables que podemos percibir en la fase olfativa del análisis sensorial y pueden ser de mayor o menor intensidad o más o menos complejos.

Vas a necesitar:

- Material de escritura tradicional o digital:
  - Bolígrafo, lapicero y papel.
  - Software de tratamiento de textos (Word).
  - Un vino blanco de la variedad verdejo, con Denominación de Origen Rueda o cualquier otro vino blanco joven que sea aromático.
  - Un vino tinto de crianza de cualquier Denominación de Origen.

Preparación:

- Sirve una pequeña cantidad de vino blanco frío en una copa.
- Sirve una pequeña cantidad de vino tinto a temperatura ambiente en otra copa.

Desarrollo de la actividad:
Debes seguir las siguientes instrucciones, realizando el análisis olfativo del vino blanco en primer lugar.

Primera parte:
Coge la copa de vino por el «tallo» **sin moverla** e introduce la nariz dentro aspirando suavemente. Identificar los aromas requiere tiempo tómatelo con calma. Anota sobre el papel todos los aromas que puedas identificar, no te preocupes de la serie aromática a la que pertenecen, solo anota todos los aromas que seas capaz de reconocer. Vuelve a repetir la operación anterior tantas veces como sea necesario, hasta que seas capaz de identificar el mayor número de aromas posible.

Ilustración 29. Vino blanco.

Segunda parte:

Coge la copa por el «tallo» situándola enfrente y ligeramente separada de ti. **Realiza movimientos circulares** con ella para que el vino que contiene se mueva y se desprendan los aromas que aún permanecen ocultos. Introduce la nariz dentro de la copa y aspira suavemente. Anota sobre el papel todos los aromas que seas capaz de percibir, no te preocupes de a qué serie aromática pertenecen. Vuelve a repetir la operación anterior tantas veces como sea necesario, hasta que seas capaz de identificar el mayor número de aromas posible.

Ilustración 30. Vino tinto.

Tercera parte:

Compara los aromas del vino blanco con los del tinto. Deberías ser capaz de distinguir las características olfativas de cada uno de ellos.

Recuerda:

Los **aromas primarios** que proceden del terruño y de la variedad de uva, deberían ser fácilmente reconocibles en los vinos jóvenes, con independencia de su color.

> **Ejemplo:** manzana, pera, rosa, clavel, pimiento, hierba seca, yodo, etc.

Los aromas secundarios aparecen durante los procesos de fermentación alcohólica y maloláctica.

> **Ejemplo:** bollería, miga de pan, leche, queso, aromas amílicos a plátano, laca de uñas, barniz, etc.

Los **aromas terciarios** destacan en los vinos de crianza. Se encuentran asociados al contacto del vino con la madera de las barricas y a los fenómenos reductivos que se producen en el interior de las botellas.

> **Ejemplo:** resina, tostado, madera, vainilla, cuero, etc.

Actividad práctica III

Actividad práctica 3.

Objetivo:

Aprender a distinguir los sabores básicos y el umami de manera individualizada, así como su nivel de intensidad, para poder entender el funcionamiento del sentido del gusto.

Introducción:
Existen dos formas de oler dependiendo de las vías de entrada, una es por vía nasal (ortonasal) y otra a través de la boca (retronasal), lo que significa que el olor en la boca puede confundirse con el sabor.

Vas a necesitar:

- Cinco bastoncillos como el de la imagen.
- 5 vasos, uno para cada ingrediente.
- Agua para diluir el azúcar y la sal.
- Azúcar común.
- Sal común.
- 1 limón natural.
- Zumo de tomate natural.
- Cerveza rubia.

Ilustración 31. Bastoncillo.

Preparación:

- Diluye en medio vaso de agua dos cucharillas bien colmadas de azúcar.
- Diluye en medio vaso de agua dos cucharillas bien colmadas de sal.
- Añade en un vaso una pequeña cantidad de zumo de limón natural.
- Añade en un vaso una pequeña cantidad de zumo de tomate natural.
- Añade en un vaso una pequeña cantidad de cerveza a temperatura ambiente.

Desarrollo de la práctica:
Humedece un bastoncillo diferente en cada uno de los vasos y aplica el líquido humedecido de los bastoncillos en cada uno de los botones gustativos.

Sabor dulce: azúcar.
Sabor salado: sal.
Sabor ácido: limón.
Sabor amargo: cerveza.
Sabor umami: zumo natural de tomate.

Debes percibir e identificar cada uno de los sabores y a continuación observar el cuadro de valoración de la intensidad del sabor que encontrarás en la página siguiente. Teniendo en cuenta que el nivel de intensidad más bajo es 1 y el más alto 10 ¿cuál es el nivel de intensidad de cada sabor?

Dulce	salado	Ácido	Amargo	Umami
1	1	1	1	1
2	2	2	2	2
3	3	3	3	3
4	4	4	4	4
5	5	5	5	5
6	6	6	6	6
7	7	7	7	7
8	8	8	8	8
9	9	9	9	9
10	10	10	10	10

Baja	Media	Media-alta	Alta

Ilustración 32. Cuadro de valoración de la intensidad del sabor.

Actividad práctica IV

Actividad práctica 4.

Objetivo:

Aprender a identificar las características que hacen diferentes a los vinos tintos y blancos y comprobar los efectos de la temperatura en la apreciación del sabor.

Introducción:
Los vinos tintos y los blancos pasan por procesos de elaboración diferentes y por lo tanto cuentan con unas características organolépticas también diferentes.

Vas a necesitar:

- Una botella de vino tinto de crianza y otra de vino blanco joven.
- Un sacacorchos y tres copas de cristal vacías.
- Un vaso con agua y otro de plástico vacío.
- Una cinta de tela o un antifaz para cubrirte los ojos.

Preparación:
Para realizar esta práctica, necesitarás la ayuda de otra persona. El vino blanco se sirve generalmente frío, pero para poder realizar la prueba adecuadamente, los dos vinos, tinto y blanco deben estar a temperatura ambiente. Pídele a la persona que te va a ayudar que te tape los ojos con la cinta o con el antifaz, no debes ver nada cuando tengas los ojos tapados.

Ilustración 33. Cata a ciegas.

Desarrollo de la práctica:
Pídele a la persona que te va a ayudar que sirva una pequeña cantidad de vino en las tres copas, el único requisito es que en las tres copas haya como mínimo dos de blanco o dos de tinto, la tercera copa la puede llenar con cualquiera de los dos vinos.

Ejemplo:

Copa de blanco + copa de blanco + copa de tinto = 3
Copa de tinto + copa de tinto + copa de blanco = 3

Prueba el primer vino e intenta reconocer si es tinto o blanco.

Enjuágate la boca con un poco de agua y échala en el vaso de plástico vacío antes de pasar al vino siguiente.

Prueba el segundo vino e intenta reconocer si es tinto o blanco.

Enjuágate la boca con un poco de agua y échala en el vaso de plástico vacío antes de pasar al vino siguiente.

Prueba el tercer vino e intenta reconocer si es tinto o blanco.

Pide a tu ayudante que quite las copas de la mesa antes de quitarte la venda o el antifaz y anota en un papel el tipo de vino que creas que has probado cada una de las veces.

Tápate los ojos de nuevo y pídele a tu ayudante que sirva de nuevo vino en las tres copas limpias. En esta ocasión no existe un mínimo, por lo que puede hacer lo mismo que en el caso anterior o puede llenar las tres copas con el mismo vino.

- Sigue de nuevo los mismos pasos y anota tu nivel de aciertos.

Actividad práctica V

Actividad práctica 5.

Objetivo:

Conocer las partes del racimo y de la uva e identificar donde se encuentran las sustancias que determinan algunas de las características organolépticas del vino.

Introducción:

La vendimia consiste en la recogida de los racimos cuando los frutos ya han madurado, estos contienen una serie de sustancias que pasan al mosto durante el proceso de maceración y son las responsables de algunas de las características organolépticas que podemos apreciar en el vino durante su análisis sensorial.

Vas a necesitar:

- Un racimo de uvas blancas.
- Un platillo y un cuchillo pequeño con punta.
- Un mortero y un colador.
- Un vaso con agua y tres vasos vacíos.

Primera parte:

Separa manualmente las uvas del racimo, la parte leñosa sobrante es el esqueleto sobre el que se disponen los frutos y se denomina **«raspón o escobajo»**. Coge una de las uvas y divídela en dos partes, para poder cortarla tendrás que atravesar la piel que se encuentra en la parte exterior **«hollejo»**. Con la ayuda de un cuchillo, extrae las semillas que se encuentran en el interior **«pepitas»**, estas últimas se encuentran dentro de la **«pulpa»** que es la parte más carnosa del fruto y es de donde se extrae el mosto.

Separa el hollejo y las pepitas de la pulpa y colócalas sobre un platillo. Coge las pepitas que has extraído de las uvas y mastícalas con cuidado o tritúralas si te resulta más sencillo con ayuda del mortero, al probarlas notarás una **«sensación táctil»** de aspereza y sequedad en la superficie de la lengua. Escupe las pepitas en el vaso de plástico y enjuágate la boca con agua, mastica ahora el hollejo durante unos segundos, notarás una sensación parecida a la anterior.

Explicación:

La sensación de aspereza y sequedad que has experimentado se denomina «astringencia» y se debe a la presencia de «taninos» en el hollejo y las pepitas de la uva. Los taninos como hemos visto en puntos anteriores, son compuestos fenólicos que se encuentran en la uva y la madera de las barricas.

Segunda parte:

Selecciona 6 o 7 uvas y ejerce una presión suave sobre ellas que te permita extraer una pequeña cantidad de **«mosto»** rompiendo la piel exterior de la uva sin triturarla, evita también romper las pepitas. Vierte el mosto que has obtenido en uno de los vasos, espera 15 minutos y transcurrido ese tiempo cuélalo para evitar que caigan restos sólidos. Al líquido que has obtenido lo denominaremos «**Muestra A**».

Selecciona otras 6 o 7 uvas y tritúralas con el mortero, ejerce una presión muy fuerte que te permita extraer el «**mosto**» rompiendo la piel externa y las pepitas. Vierte el mosto que has obtenido en otro vaso, espera 15 minutos y transcurrido ese tiempo cuélalo para evitar que caigan restos sólidos. Al líquido que has obtenido lo denominaremos «**Muestra B**».

- Prueba la «**Muestra A**» y después escupe el mosto en un vaso de plástico y enjuágate la boca.
- Prueba la «**Muestra B**» y después escupe el mosto en un vaso de plástico y enjuágate la boca.
- Como habrás comprobado el mosto de la «**Muestra A**», tiene un sabor menos intenso que el de la «**Muestra B**» y presenta una débil sensación de aspereza.

Explicación:
Al ejercer una presión suave sobre las uvas has roto los hollejos sin triturarlos lo que te ha permitido extraer una cantidad de mosto inferior al de la «Muestra B». Al no triturar los hollejos ni las pepitas de la «**Muestra A**» la cantidad de taninos y otras sustancias es menor y por lo tanto el sabor y la sensación de astringencia también lo es.

La «**Muestra B**» por el contrario, contiene una mayor carga fenólica debido a que la presión ejercida sobre las uvas ha sido más fuerte, lo que ha provocado la rotura de los hollejos y las pepitas que son las partes de la uva donde se concentran estas sustancias.

Bibliografía

Navarro García Dionisio. (2021). Análisis sensorial de vinos el arte y la ciencia del vino (1. Auflage). BoD - Books on Demand - Spanien.

Cheynier V., Moutounet M., Sarni-Manchado P.: Los compuestos fenólicos. En: C. Flanzy (ed.). Enología: Fundamentos científicos y tecnológicos. Madrid: Mundiprensa, 2000.

Zamora F.: Elaboración y crianza del vino tinto; Aspectos científicos y prácticos. Madrid: Ed. AMV ediciones y Mundiprensa, 2003.

Aleixandre Benavent, José Luis. Vinos y bebidas alcohólicas. Universidad Politécnica de Valencia, 1999.

Webgrafía

Real Jardín Botánico de Madrid
(http://www.rjb.csic.es/jardinbotanico/jardin/contenido.php?Pag=293&tipo=noticia&cod=7883)

Kikunae Ikeda | Umami Information Center
(https://www.umamiinfo.com/ikedakikunae/)

Ancel Keys (1904-2004) | Revista Española de Cardiología
(https://www.revespcardiol.org/es-ancel-keys-1904-2004--articulo-13072484)

La dieta mediterránea - Patrimonio Cultural Inmaterial de la humanidad
(https://ich.unesco.org/es/RL/la-dieta-mediterranea-00884)

Vinos de Jerez - Sherry Wines
(https://www.sherry.wine/es/vinos-de-jerez)

El Consorcio Marca Histórica de los Lambruscos Modeneses
(https://www.lambrusco.net/es/el-lambrusco/)

Página oficial del Comité Champagne
(https://www.champagne.fr/es/pagina-principal).

Denominación de Origen Protegida "Cava" - Ministerio de Agricultura, Pesca y Alimentación (https://www.mapa.gob.es/es/alimentacion/temas/calidad-diferenciada/dop-igp/vcprd/DOP_cava.aspx).

La Denominación de Origen Cava
(https://www.cava.wine/).

Wines of South Africa
(http://www.wosa.co.za/).

Fotografías: Pixabay
(https://pixabay.com/es/).